普通高等教育“十三五”规划教材

# 机械设计制造及其自动化专业实验

赵连花　徐　飞　主编

中国石化出版社

## 内 容 提 要

本书是在高等院校转型发展的前提下，为适应应用型本科教学而编写，内容包括：液压传动实验和机电传动实验，主要利用机电液气一体化实验教学培训系统等设备；机械制造装备设计实验，主要利用普通车床 CA6140、牛头刨床 B6065、卧式万能铣床 X6132 和万能外圆磨床 M1432A 等模型，以及机床夹具和减速器模型等实验设备；塑料模具设计实验，利用塑料注射模具模型等实验设备。通过实验，深入理解和掌握所学的有关专业知识。

本书可作为应用型本科院校机械类专业实验教材，也可供高职机械类专业师生使用，还可作为机械类工程技术人员参考用书。

**图书在版编目(CIP)数据**

机械设计制造及其自动化专业实验 / 赵连花，徐飞主编.
—北京：中国石化出版社，2016.8（2022.7重印）
普通高等教育“十三五”规划教材
ISBN 978-7-5114-4255-0

Ⅰ.①机… Ⅱ.①赵… ②徐… Ⅲ.①机械设计—实验—高等学校—教材 ②机械制造—实验—高等学校—教材 ③机械工程—自动化技术—实验—高等学校—教材
Ⅳ.①TH—33

中国版本图书馆 CIP 数据核字(2016)第 202292 号



**中国石化出版社出版发行**
地址：北京市东城区安定门外大街 58 号
邮编：100011　电话：(010)57512500
发行部电话：(010)57512575
http://www.sinopec-press.com
E-mail：press@sinopec.com
北京科信印刷有限公司印刷
全国各地新华书店经销
*
787×1092 毫米 16 开本 6.5 印张 150 千字
2016 年 9 月第 1 版　2022 年 7 月第 2 次印刷
定价：18.00 元

# 前　言

高等教育要面向社会需求，服务地方经济社会发展，培养应用型和技术技能型人才，增强就业创业能力，突出岗位工作能力的培养。为此教材注重实践能力和创新能力的培养和提高，注重学生专业综合素质的锻炼和培养，从而增强学生为行业企业服务的能力。工程实训则是学生理论与实践相结合的有效途径，既可以提高工程实践能力，将来又能更好地为社会经济发展服务，同时也为发挥学生的才能创造了有利的条件。

《机械设计制造及其自动化专业实验》是根据本专业教学改革及普通本科高校向应用技术型高校转型的需要以及提高本专业学生操作技能和职业素质的培养需要而编写的，是有关专业课程的实验教材。本书对液压传动、机电传动、机械制造装备设计和塑料模具设计四门专业课的实验作了比较详细的介绍，突出实用性和可操作性。实验可以加深学生对所学课程的理解；实验可以提高学生分析问题和解决问题的能力；实验可以提高学生的动手实践能力；实验可以培养学生的创新精神。专业课中讲解的传动系统、机械结构和机械装置等，都是用工程图来表示，缺乏对实际传动系统和结构的认知。因此专业实验就是理论知识与实践知识相结合的必不可少的纽带，经过专业实验的训练，就会为后续的实习实训打下良好的实践基础。

全书包括四部分内容。第一部分：液压传动实验，主要利用JSX-B液压综合实验台和机电液气一体化实验教学培训系统等实验设备，介绍了5个实验。第二部分：机电传动实验，主要利用基本指令编程练习的实验面板、定时器、计数器、THSMS-A型和THSMS-B型实验装置以及机电液气一体化实验教学培训系统等实验设备，介绍了5个实验。第三部分：机械制造装备设计实验，主要利用普通车床CA6140、牛头刨床B6030、卧式万能铣床X6132和万能外圆磨床M1432等模型以及机床夹具和减速器模型等实验设备，介绍了10个实验。第四部分：塑料模具设计实验，主要利用塑料注射模具等实验设备，介绍了2个实验。通过典型实验的训练，使学生能够更好地掌握所学的相关理论知识。

参加本书编写的有：沈阳工业大学赵连花（第3章，3.1～3.3、3.7～3.10）、李晓光（第1章）、江远鹏（第2章）、徐飞（第3章，3.4～3.6）、卢芳菲(第 4 章，2.1～2.3)、冷文平(第 4 章，2.4、2.5)，全书由赵连花统稿并审校。此外，对本书出版给予大力支持和帮助的专家和老师，在此表示感谢。在编写过程中，参考和引用了相关资料的一些内容，均在书后列出，对文献作者表示衷心的感谢。

由于编者的水平和经验有限，书中难免有不妥之处，恳请读者批评指正。

# 目　录


**第 1 章　液压传动实验** …………………………………………………… （1）

1.1　限压式变量叶片泵的性能实验 ………………………………………… （1）

1.2　差动回路实验 ……………………………………………………………… （5）

1.3　多级压力控制回路实验 …………………………………………………… （7）

1.4　快速与慢速转换实验 ……………………………………………………… （10）

1.5　液压回路设计实验 ………………………………………………………… （13）

**第 2 章　塑料模具设计实验** ……………………………………………… （16）

2.1　塑料模具拆装实验 ………………………………………………………… （16）

2.2　塑料模具测绘实验 ………………………………………………………… （18）

**第 3 章　机械制造装备设计实验** ………………………………………… （20）

3.1　床头箱传动系统 …………………………………………………………… （20）

3.2　进给箱传动系统 …………………………………………………………… （23）

3.3　溜板箱传动系统 …………………………………………………………… （31）

3.4　车床模拟加工实验 ………………………………………………………… （34）

3.5　刨床模拟加工实验 ………………………………………………………… （42）

3.6　钻床模拟加工实验 ………………………………………………………… （51）

3.7　铣床模拟加工实验 ………………………………………………………… （56）

3.8　磨床模拟加工实验 ………………………………………………………… （61）

3.9　机床夹具拆装与测量实验 ………………………………………………… （69）

3.10　减速器拆装与测量实验 …………………………………………………… （71）

**第 4 章　机电传动实验** …………………………………………………… （74）

4.1　与或非逻辑功能实验 ……………………………………………………… （74）

4.2　定时器计数器指令训练 …………………………………………………… （76）

4.3　交通灯控制 ………………………………………………………………… （80）

4.4　小车运行定位控制实验 …………………………………………………… （84）

4.5　电梯控制实验 ……………………………………………………………… （88）

**参考文献** …………………………………………………………………… （98）

# 第1章　液压传动实验

## 1.1　限压式变量叶片泵的性能实验

### 一、实验目的

(1)掌握限压式变量叶片泵的工作原理；

(2)熟悉限压式变量叶片泵输出流量随工作压力的变化规律；

(3)了解液压泵的一般测量方法。

### 二、实验设备和工具

JSX-B液压综合实验台、秒表等。

### 三、实验内容及步骤

1. 限压式变量叶片泵的工作原理

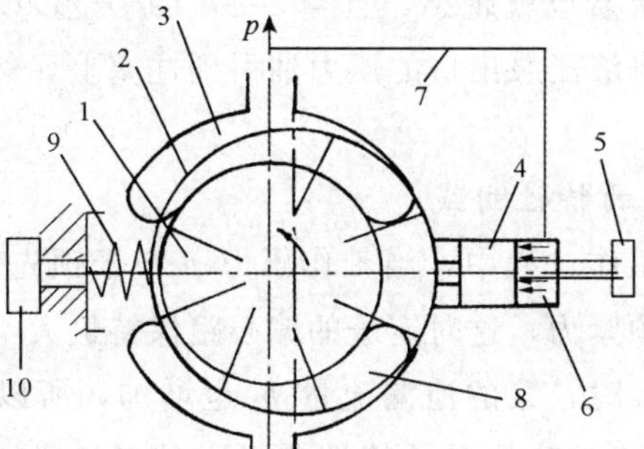


图1-1　限压式变量叶片泵的工作原理

1—转子；2—定子；3—吸油窗口；4—活塞；5—螺钉；6—活塞腔；
7—通道；8—压油窗口；9—调压弹簧；10—调压螺钉

限压式变量叶片泵是单作用叶片泵，改变定子和转子间的偏心距 $e$，就能改变泵的输出流量，限压式变量叶片泵能借助输出压力的大小自动改变偏心距 $e$ 的大小来改变输出流量。当压力低于某一可调节的限定压力时，泵的输出流量最大；压力高于限定压力时，随着压力增加，泵的输出流量线性地减少。泵的出口经通道7与活塞6相通，其工作原理如

图 1-1 所示。在泵未运转时，定子 2 在弹簧 9 的作用下，紧靠活塞 4，并使活塞 4 靠在螺钉 5 上。这时，定子和转子有一偏心量 $e_0$，调节螺钉 5 的位置，便可改变 $e_0$。当泵的出口压力 $p$ 较低时，则作用在活塞 4 上的液压力也较小，若此液压力小于上端的弹簧作用力，当活塞的面积为 $A$、调压弹簧的刚度为 $k_s$、预压缩量为 $x_0$ 时，有：

$$p_A < k_s x_0 \tag{1-1}$$

此时，定子相对于转子的偏心量最大，输出流量最大。随着外负载的增大，液压泵的出口压力 $p$ 也将随之提高，当压力升至与弹簧力相平衡的控制压力 $p_B$ 时，有：

$$p_{BA} = k_s x_0 \tag{1-2}$$

当压力进一步升高，使 $p_A > k_s x_0$，这时，若不考虑定子移动时的摩擦力，液压作用力就要克服弹簧力推动定子向上移动，随之泵的偏心量减小，泵的输出流量也减小。$p_B$ 称为泵的限定压力，即泵处于最大流量时所能达到的最高压力，调节调压螺钉 10，可改变弹簧的预压缩量 $x_0$ 即可改变 $p_B$ 的大小。

设定子的最大偏心量为 $e_0$，偏心量减小时，弹簧的附加压缩量为 $x$，则定子移动后的偏心量 $e$ 为：

$$e = e_0 - x \tag{1-3}$$

这时，定子上的受力平衡方程式为：

$$p_A = k_s (x_0 + x) \tag{1-4}$$

将式(1-2)、式(1-4)代入式(1-3)可得：

$$e = e_0 - A(p - p_B)/k_s \quad (p \geqslant p_B) \tag{1-5}$$

式(1-5)表示了泵的工作压力与偏心量的关系，由式可以看出，泵的工作压力越高，偏心量就越小，泵的输出流量也就越小，且当 $p = k_s(e_0 + x_0)/A$ 时，泵的输出流量为零，控制定子移动的作用力是将液压泵出口的压力油引到柱塞上，然后再加到定子上去，这种控制方式称为外反馈式。

2. 限压式变量叶片泵的特性曲线

限压式变量叶片泵在工作过程中，当工作压力 $p$ 小于预先调定的限定压力 $p_c$ 时，液压作用力不能克服弹簧的预紧力，这时定子的偏心距保持最大不变，因此泵的输出流量 $q_A$ 不变，但由于供油压力增大时，泵的泄漏流量 $p_l$ 也增加，所以泵的实际输出流量 $q$ 也略有减少，如图 1-2 限压式变量叶片泵的特性曲线中的 $AB$ 段所示。调节流量调节螺钉 5 (见图 1-1)可调节最大偏心量(初始偏心量)的大小，从而改变泵的最大输出流量 $q_A$，特性曲线 $AB$ 段上下平移，当泵的供油压力 $p$ 超过预先调整的压力 $p_B$ 时，液压作用力大于弹簧的预紧力，此时弹簧受压缩定子向偏心量减小的方向移动，使泵的输出流量减小，压力越高，弹簧压缩量越大，偏心量越小，输出流量越小，其变化规律如特性曲线 $BC$ 段所示。调节调压弹簧 10 可改变限定压力 $p_c$ 的大小，这时特性曲线 $BC$ 段左右平移，而改变调压弹簧的刚度时，可以改变 $BC$ 段的斜率，弹簧越“软”($k_s$ 值越小)，$BC$ 段越陡，$p_{max}$ 值越小；反之，弹簧越“硬”($k_s$ 值越大)，$BC$ 段越平坦，$p_{max}$ 值也越大。当定子和转子之间的偏心量为零时，系统压力达到最大值，该压力称为截止压力，实际上由于泵的泄漏存在，当偏心量尚未达到零时，泵向系统的输出流量实际已为零。

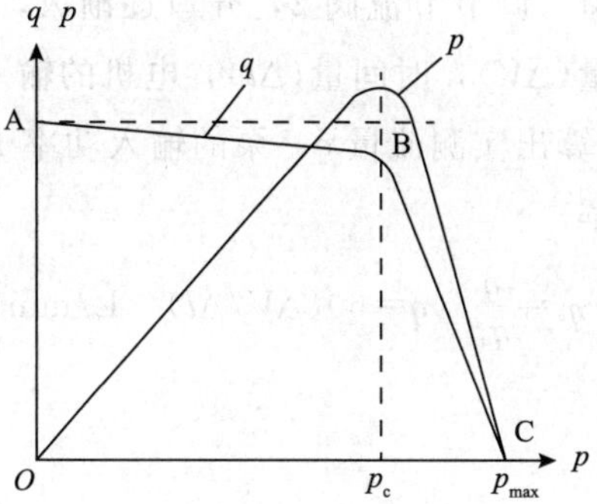


图 1-2　限压式变量叶片泵的特性曲线

3. 实验内容

本实验主要是测定限压式变量叶片泵在不同工作压力($p$)下的实际输出流量($q$)，根据 $q$ 随 $p$ 的变化关系绘制流量—压力特性曲线，并测出空载转速和额定转速，计算额定工作压力时的容积效率。

4. 测试内容

1)空载(零压)流量

在实际工作中，泵的理论流量 $q_t$ 并不是按液压泵设计时的几何参数和运动参数计算的，而是以泵的出口压力为最低即空载(零压)时所测到的输出流量 $q_空$ 来代替 $q_t$。本实验中，在节流阀的通流截面积为最大值的情况下测出泵空载流量 $q_空$，并测出其相应的转速 $n_空$。

2)额定流量

指泵在额定工作压力和转速情况下，测出的流量 $q_额$，并测出相应的转速 $n_额$。本实验中由节流阀进行加载。

3)不同工作压力下的实际流量 $q$

不同工作压力由节流阀 2 所调定，读出相应压力下的流量 $q$，在本实验中，压力由压力表读出，流量由秒表确定。

5. 实验步骤

(1)按图 1-3 液压泵性能测试回路图连接回路。

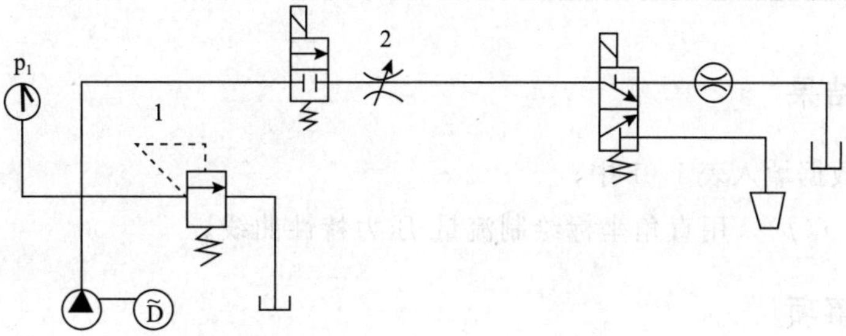


图 1-3　液压泵性能测试回路

(2)全开溢流阀1，启动泵，关闭节流阀2，将泵调整压力至额定压力(7MPa)。

(3)接通 $YA_1$ 电磁换向阀，调节节流阀2，开口逐渐大，观察并记录 $p_1$ 的压力读数，并且对应压力下的体积变化量($\Delta V$)，时间量($\Delta t$)，电机的输入功率 $P_{电}$。

(4)根据测得的数据，计算出实测流量 $q$、泵的输入功率 $N_i$ 和泵的输出功率 $N$，泵的容积效率、机械效率和总效率。

$$\eta_v=\frac{q}{q_t} \quad q=60(\Delta V/\Delta t) \quad \text{L/min} \tag{1-6}$$

式中 $\eta_v$——容积效率；

$q$——实测流量；

$q_t$——理论流量；

$\Delta t$——对应时间，s；

$\Delta V$——对应时间的体积变化量。

上述各项参数测试数据，均重复两次，分别添在表1-1中的a、b栏内。

**表1-1 参数测试数据**

| 序号 \ 测算内容 | 1 | | 2 | | 3 | | 4 | | 5 | |
|---|---|---|---|---|---|---|---|---|---|---|
| | a | b | a | b | a | b | a | b | a | b |
| 被测泵输出压力 | | | | | | | | | | |
| 被测泵空载流量 $q_{空}$ | | | | | | | | | | |
| 泵输出油液容积的变化 $\Delta V$ | | | | | | | | | | |
| 对应 $\Delta V$ 所需时间 $t$/s | | | | | | | | | | |
| 泵输出流量/(L/min) | | | | | | | | | | |
| 电机输入功率 $N_{表}$/kW | | | | | | | | | | |
| 对应 $N_{表}$ 的电动机效率 $\eta_{电}$/% | | | | | | | | | | |
| 油泵的输入功率 $N_i$/kW | | | | | | | | | | |
| 油泵的总效率 $\eta_{总}$/% | | | | | | | | | | |
| 油泵的容积效率 $\eta_v$/% | | | | | | | | | | |

## 四、实验结果

(1)将被测数据填入表1-1中；

(2)根据 $q=f(p)$，用直角坐标绘制流量-压力特性曲线。

## 五、注意事项

(1)实验前认真阅读实验指导书；

(2)节流阀每次调节后，运转 1～2min 后再测有关数据。

## 六、思考题

(1)实验油路中溢流阀起什么作用?

(2)在实验系统中调节节流阀为什么能对被测泵进行加载?

# 1.2 差动回路实验

## 一、实验目的

(1)掌握差动回路的增速特点；

(2)熟悉差动回路的工作过程。

## 二、实验设备和工具

JSX－B 液压综合实验台、调速阀和换向控制阀等。

## 三、实验内容及步骤

1. 实验原理

差动回路是在不增加液压泵输出流量的情况下，来提高工作部件运动速度的一种快速回路，其实质是改变了液压缸的有效作用面积。

图 1-4 是用于快、慢速转换的，其中快速运动采用差动连接回路。当换向阀 3 左端的电磁铁通电时，阀 3 左位进入系统，液压泵 1 输出的压力油同缸右腔的油经 3 左位、5 下位(此时外控顺序阀 7 关闭)，进入液压缸 4 的左腔，实现了差动连接，使活塞快速向右运动。当快速运动结束，工作部件上的挡铁压下机动换向阀 5 时，泵的压力升高，阀 7 打开，液压缸 4 右腔的回油只能经调速阀 6 流回油箱，这时是工作进给。当换向阀 3 右端的电磁铁通电时，活塞向左快速退回(非差动连接)。采用差动连接的快速回路方法简单，较经济，但快、慢速度的换接不够平稳。必须注意，差动油路的换向阀和油管通道应按差动时的流量选择，否则流动液阻过大，会使液压泵的部分油从溢流阀流回油箱，速度减慢，甚至不起差动作用。

2. 实验步骤

(1)按照图 1-5 所示差动连接回路搭接回路。

(2)将 1DT、3DT 通电，行程差动快速回路，实现活塞杆快进。

(3)将 3DT 断电，回路经调速阀 5 和二位二通电磁阀 3 回油箱，而实现中进。

(4)将 4DT 通电，回油经 2 个调速阀回油箱，而实现慢进。

(5)慢进结束，将 2DT 通电，1DT、3DT 断电，实现活塞杆的快退。

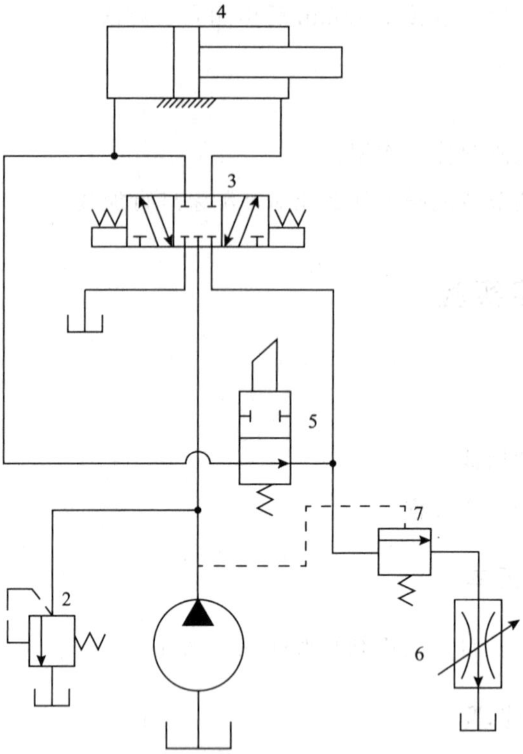


图 1-4　能实现差动连接工作进给回路

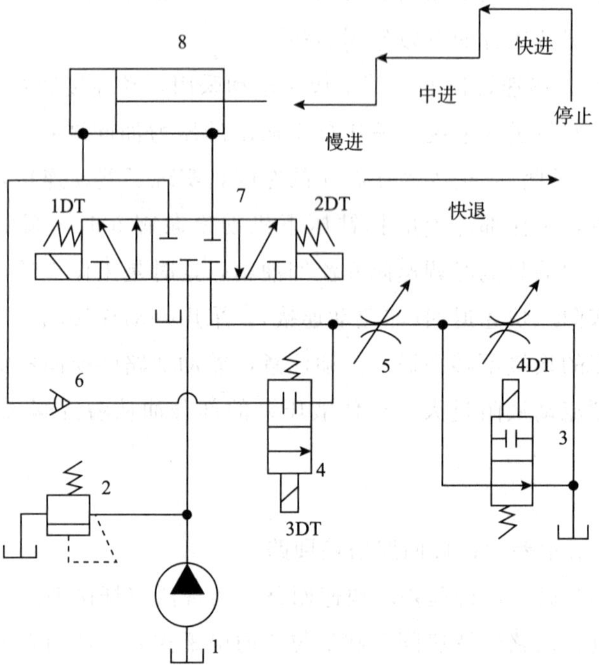


图 1-5　差动连接回路

## 四、实验结果

将被测数据填入表1-2中。

**表1-2 电磁铁动作顺序表**

| 工序 \ 电磁铁 | 1DT | 2DT | 3DT | 4DT |
|---|---|---|---|---|
| 快进 | | | | |
| 中进 | | | | |
| 慢进 | | | | |
| 快退 | | | | |
| 停止 | | | | |

## 五、注意事项

(1)实验前认真阅读实验指导书;
(2)实验前检查阀是否有泄漏;
(3)缸体储油量是否足够。

## 六、思考题

(1)差动连接与非差动连接，输出压力哪一个大，为什么?
(2)慢进时为什么液压缸左腔压力比快进时大?根据回路进行分析。
(3)如该回路中液压缸改为双出杆式，在回路不变情况下，是否能实现增速，为什么?

# 1.3 多级压力控制回路实验

## 一、实验目的

(1)了解调压回路工作原理;
(2)了解多级调压回路的组成、工作方法、特点及应用。

## 二、实验设备和工具

机电液气一体化实验教学培训系统等。

## 三、实验内容及实验步骤

1. 实验原理

当液压系统工作时，液压泵应向系统提供所需压力的液压油，同时，又能节省能源，减少油液发热，提高执行元件运动的平稳性。所以，应设置调压或限压回路。当液压泵一直工作在系统的调定压力时，就要通过溢流阀调节并稳定液压泵的工作压力。在变量泵系统中或旁路节流调速系统中用溢流阀(当安全阀用)限制系统的最高安全压力。当系统在不同的工作时间内需要有不同的工作压力，可采用二级或多级调压回路。

图 1-6 所示为三级调压回路，三级压力分别由溢流阀 1、2、3 调定，当电磁铁 1YA、2YA 失电时，系统压力由主溢流阀调定。当 1YA 得电时，系统压力由阀 2 调定。当 2YA 得电时，系统压力由阀 3 调定。在这种调压回路中，阀 2 和阀 3 的调定压力要低于主溢流阀的调定压力，而阀 2 和阀 3 的调定压力之间没有什么一定的关系。当阀 2 或阀 3 工作时，阀 2 或阀 3 相当于阀 1 上的另一个先导阀。

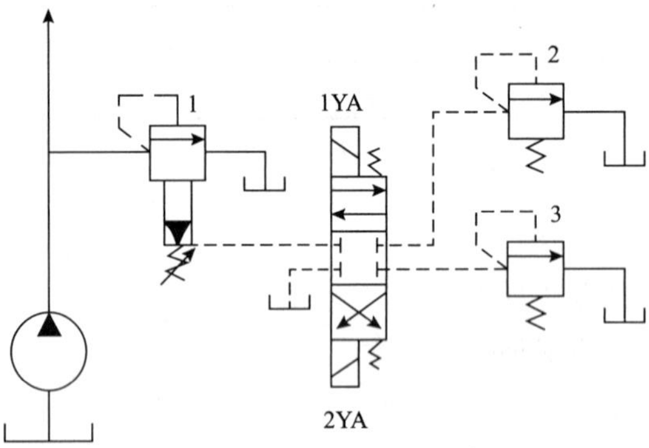


图 1-6　三级调压回路

2. 实验步骤

(1)按图 1-7 所示搭接实验装置。

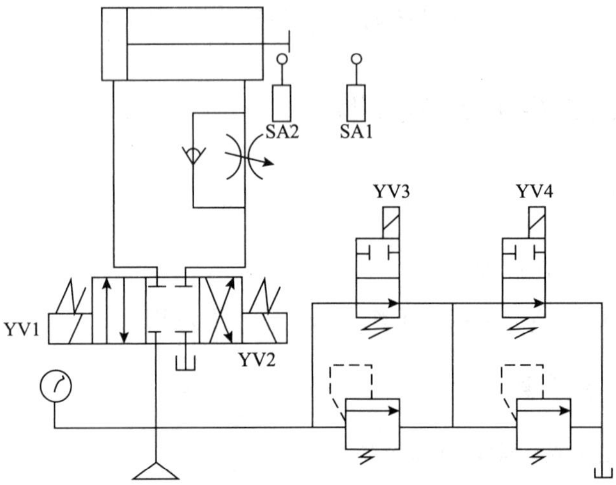


图 1-7　多级压力控制回路图

(2)调定参数：调压总阀 4.0MPa，溢流阀调整压力 1.5MPa，溢流阀 2 调整压力 2MPa，其电磁铁动作顺序如表 1-3 所示。

表 1-3 电磁铁电磁动作顺序表

| 序号 | 油缸动作 | 法讯原件 | YV1 | YV2 | YV3 | YV4 |
|---|---|---|---|---|---|---|
| 1 | 前进 1 | ST<br>YA1 按下 | + | − | + | − |
| 2 | 前进 2 | YA1 松开<br>YA2 按下 | + | − | − | + |
| 3 | 前进 3 | YA1 按下 | + | − | + | + |
| 4 | 后退 | SA1 | − | + | + | + |
| 5 | 前进 3 | SA2 | + | − | + | + |
| 6 | 停止 | YA1 松开<br>YA2 松开<br>STP 按下 | − | − | − | − |

(3)待测参数为油缸前进中的三种压力，油缸后退压力及油缸停止时压力。

## 四、实验结果

将被测数据填入表 1-4 中。

表 1-4 待测压力参数

| 序号 | 动作 | 压力 |
|---|---|---|
| 1 | 油缸前进 1 | |
| 2 | 油缸前进 2 | |
| 3 | 油缸前进 3 | |
| 4 | 油缸后退 | |
| 5 | 油缸停止 | |

## 五、注意事项

(1)实验前认真阅读实验指导书；

(2)实验前检查阀是否有泄漏；

(3)缸体储油量是否足够。

## 六、思考题

(1)若先导式溢流阀的远程控制口被堵死了，是否还可以实现多级调压？

(2)先导式溢流阀的调定压力与另两个溢流阀之间的大小关系？

# 1.4 快速与慢速转换实验

## 一、实验目的

(1)了解快速与慢速转换回路组成；

(2)了解快速与慢速转换回路工作原理、特点及应用。

## 二、实验设备和工具

机电液气一体化实验教学培训系统、量尺和秒表等。

## 三、实验内容及步骤

1. 实验原理

速度换接回路用来实现运动速度的变换，即在原来设计或调节好的几种运动速度中，从一种速度换成另一种速度。对这种回路的要求是速度换接要平稳，即不允许在速度变换的过程中有前冲(速度突然增加)现象。下面介绍几种回路的换接方法及特点。

1)快速运动和工作进给运动的换接回路

图 1-8 是用单向行程节流阀换接快速运动(简称快进)和工作进给运动(简称工进)的速度换接回路。在图示位置液压缸 3 右腔的回油可经行程阀 4 和换向阀 2 流回油箱，使活塞快速向右运动。当快速运动到达所需位置时，活塞上挡块压下行程阀 4，将其通路关闭，这时液压缸 3 右腔的回油就必须经过节流阀 6 流回油箱，活塞的运动转换为工作进给运动(简称工进)。当操纵换向阀 2 使活塞换向后，压力油可经换向阀 2 和单向阀 5 进入液压缸 3 右腔，使活塞快速向左退回。

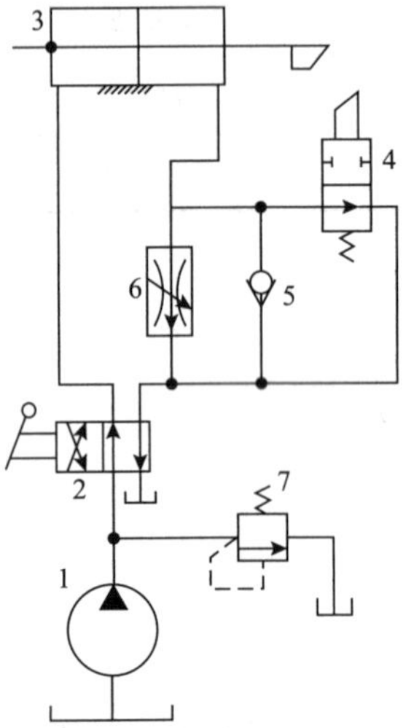


图 1-8 用行程节流阀的速度换接回路

在这种速度换接回路中，因为行程阀的通油路是由液压缸活塞的行程控制阀芯移动而逐渐关闭的，所以换接时的位置精度高，冲出量小，运动速度的变换也比较平稳。这种回路在机床液压系统中应用较多，它的缺点是行程阀的安装位置受一定限制(要由挡铁压下)，所以有时管路连接稍复杂。行程阀也可以用电磁换向阀来代替，这时电磁阀的安装位置不受限制(挡铁只需要压下行程开关)，但其换接精度及速度变换的平稳性较差。

图 1-9 是利用液压缸本身的管路连接实现的速度换接回路。在图示位置时，活塞快速向右移动，液压缸右腔的回油经油路 1 和换向阀流回油箱。当活塞运动到将油路 1 封闭后，液压缸右腔的回油须经节流阀 3 流回油箱，活塞则由快速运动变换为工作进给运动。

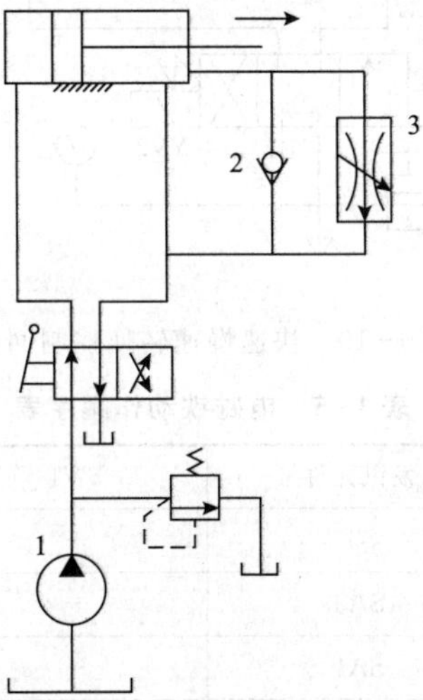


图1-9 利用液压缸自身结构的速度换接回路

这种速度换接回路方法简单，换接较可靠，但速度换接的位置不能调整，工作行程也不能过长以免活塞过宽，所以仅适用于工作情况固定的场合。这种回路也常用作活塞运动到达端部时的缓冲制动回路。

2)两种工作进给速度的换接回路

对于某些自动机床、注塑机等，需要在自动工作循环中变换两种以上的工作进给速度，这时需要采用两种(或多种)工作进给速度的换接回路。

2. 实验步骤

(1)按图 1-10 原理图搭接实验装置。

(2)调定参数：溢流阀调整压力 1MPa。

(3)根据表 1-5 中电磁铁的动作顺序，用量尺测定快进和慢进位移，用秒表测定运动时间 s。

(4)在表 1-6 中填写各工序压力和速度。

## 四、实验结果

将被测数据填入表 1-6 中。

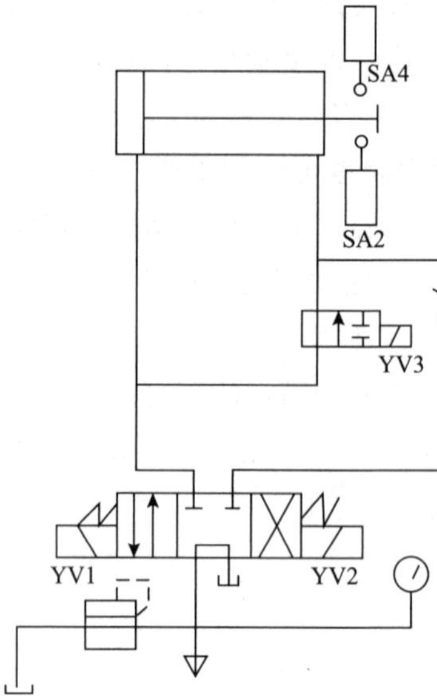


图 1-10　快速慢速转换控制回路

**表 1-5　电磁铁动作顺序表**

| 序号 | 油缸动作 | 发讯元件 | YV1 | YV2 | YV3 |
|---|---|---|---|---|---|
| 1 | 快进 | ST | + | − | − |
| 2 | 慢进 | SA3 | + | − | + |
| 3 | 停止 | SA1 | − | − | + |
| 4 | 快退 | KT | − | + | + |
| 5 | 快进往返 | SA2<br>SA4 | + | − | − |
| 6 | 停止 | STP | − | − | − |

**表 1-6　各工序压力和速度**

| 工序 | 名称 | 压力值/MPa | 速度/(mm/s) |
|---|---|---|---|
| 1 | 快进 | | |
| 2 | 慢进 | | |
| 3 | 快退 | | |
| 4 | 停止 | | |

## 五、注意事项

(1)实验前认真阅读实验指导书;

(2)实验前检查阀是否有泄漏;

(3)缸体储油量是否足够。

## 六、思考题

(1)在各工作状态是溢流阀阀口的状态和作用?

(2)若将节流阀换成调速阀，速度换接性能是否会改善，为什么?

# 1.5 液压回路设计实验

## 一、实验目的

(1)根据设计题目，使学生学会设计具有特定功能的液压回路图;

(2)能根据自己设计的液压回路图选择合适的液压元件，合理组装，实现系统功能。

## 二、实验设备和工具

机电液气一体化实验教学培训系统等。

## 三、实验内容及步骤

1. 实验原理

运动部件的换向，一般可采用各种换向阀来实现。在容积调速的闭式回路中，也可以利用双向变量泵控制油流的方向来实现液压缸(或液压马达)的换向。

依靠重力或弹簧返回的单作用液压缸，可以采用二位三道换向阀进行换向，如图 1-11 所示。双作用液压缸的换向，一般都可采用二位四通(或五通)及三位四通(或五通)换向阀来进行换向，按不同用途还可选用各种不同的控制方式的换向回路。

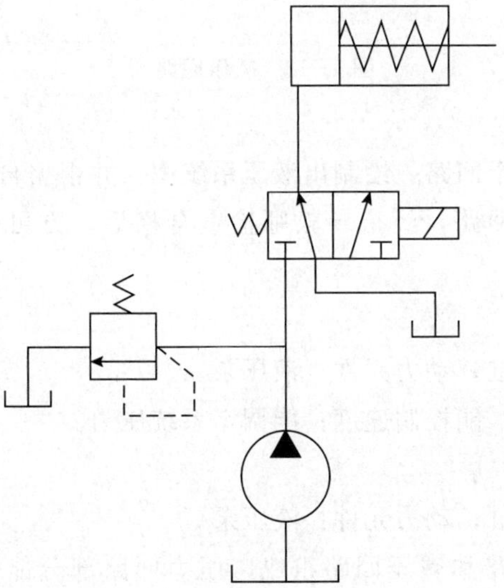

图 1-11 采用二位三通换向阀使单作用缸换向的回路

当泵的输出压力是高压而局部回路或支路要求低压时，可以采用减压回路，如机床液压系统中的定位、夹紧、回路分度以及液压元件的控制油路等，它们往往要求比主油路较低的压力。减压回路较为简单，一般是在所需低压的支路上串接减压阀。采用减压回路虽能方便地获得某支路稳定的低压，但压力油经减压阀口时要产生压力损失，这是它的缺点。

最常见的减压回路为通过定值减压阀与主油路相连，如图 1-12(a)所示。回路中的单向阀为主油路压力降低(低于减压阀调整压力)时防止油液倒流，起短时保压作用，减压回路中也可以采用类似两级或多级调压的方法获得两级或多级减压。图 1-12(b)所示为利用先导型减压阀 1 的远控口接一远控溢流阀 2，则可由阀 1、阀 2 各调得一种低压。但要注意，阀 2 的调定压力值一定要低于阀 1 的调定减压值。

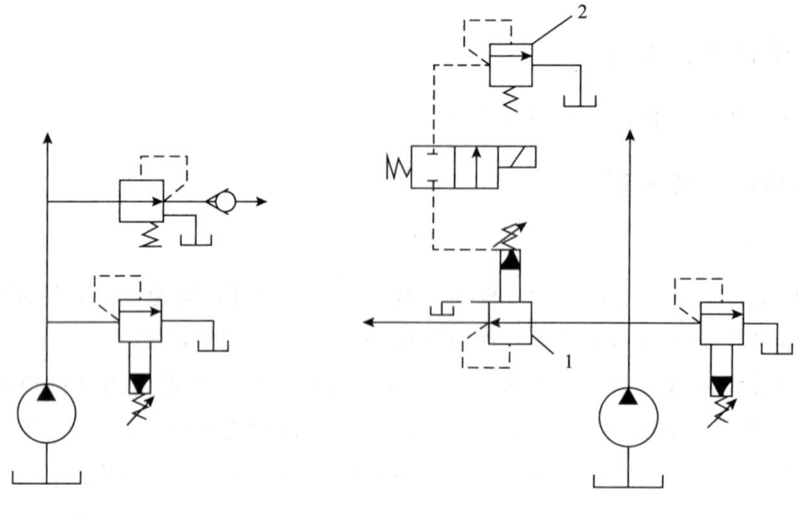


图 1-12　减压回路图

2. 实验内容

在以下回路中选择一个回路，绘制出液压系统图，并根据自己设计的液压系统图选择合适的液压元件，连接成回路，经指导教师检查合格后，方可进行实际操作，实现系统功能。

1)换向回路

执行元件：单杆活塞缸；动力元件：液压泵。

要求：实现左右换向；能控制速度；能调定系统压力。

2)一级减压回路

执行元件：单杆活塞缸；动力元件：液压泵。

要求：系统由压力回路和减压回路组成，压力回路部分能实现左右换向；能控制速度；能调定系统压力。减压回路部分能实现左右换向，减少压力。

3. 实验步骤

(1)选择设计题目；

(2)根据要求绘制液压回路图，检查是否能实现要求的所有功能；

(3)在提供的液压元件清单中选择合适的液压元件及液压附件并标注在液压回路中；

(4)按液压回路图连接各液压元件；

(5)连接电器控制部分，如电磁铁、压力表、行程开关等；

(6)检查连接的液压回路，并全开调压溢流阀；

(7)启动液压泵，调节压溢流阀设定回路压力；

(8)控制回路实现要求的动作功能。

## 四、实验结果

绘制出液压系统图。

## 五、注意事项

(1)实验前认真阅读实验指导书；

(2)实验前检查阀是否有泄漏；

(3)缸体储油量是否足够。

# 第2章　塑料模具设计实验

## 2.1　塑料模具拆装实验

### 一、实验目的

(1)了解典型塑料模具结构及工作原理；
(2)了解塑料模具的零件和作用以及零件之间的装配关系；
(3)熟悉塑料模具的装配顺序和各装配工具的使用。

### 二、实验设备和工具

(1)塑料注射模16台。
(2)拆装工具：游标卡尺、角尺、内六角扳手、台虎钳、锤子、铜棒等。

### 三、实验内容

1. 模具类型分析

对给定模具进行模具类型分析与确定。

2. 塑件分析

根据模具分析确定被加工零件的几何形状及尺寸。

3. 模具的工作原理

要求分析其浇注系统类型、分型面及分型方式、顶出方式等。

4. 模具的零部件

明确模具各零部件的名称、功用、相互配合关系。

5. 确定拆装顺序

拆卸模具之前，应先分清可拆卸和不可拆卸件，制定拆卸方案，提请指导老师审查同意后方可拆卸。

一般先将动模和定模分开，分别将动、定模的紧固螺钉拧松，再打出销钉，用拆卸工具将模具各主要板块拆下，然后从定模板上拆下主浇注系统，从动模上拆下顶出系统，拆散顶出系统各零件，从固定板中压出型芯等零件，有侧向分型抽芯机构时，拆下侧向分型抽芯机构的各零件。

针对各种模具须具体分析其结构特点，采用不同的拆卸方法和顺序。

## 四、实验步骤

1. 拆卸模具

1)按拟定的顺序进行模具拆卸

要求体会拆卸联结件的用力情况，对所拆下的每一个零件进行观察，测量并作记录。记录拆下零件的位置，按一定秩序摆放好，避免在组装时出现错误或漏装零件。

2)拆卸注意事项

准确使用拆卸工具和测量工具，拆卸配合件时要分别采用拍打、压出等不同方法对待不同配合关系的零件。注意保护受力平衡，不可盲目用力敲打，严禁用铁榔头直接敲打模具零件。不可拆卸的零件和不宜拆卸的零件不要拆卸，拆卸过程中注意自身安全及不损坏模具各拆装工具。拆卸遇到困难时分析原因，并可请教指导老师。遵守课堂纪律，服从教师安排。

2. 组装模具

1)拟定装配顺序

以先拆的零件后装、后拆的零件先装为一般原则制定装配顺序。

2)按顺序装配模具

按拟定的顺序将全部模具零件装回原来的位置。注意正反方向，防止漏装。其它注意事项与拆卸模具相同，遇到零件受损不能进行装配时应学习用工具修复受损零件后再装配。

3)装配后的检查

观察装配后的模具和拆卸前是否一致，检查是否有错装或漏装等。

## 五、实验结果

填写塑料模具零件明细表，如表 2-1 所示。

**表 2-1　塑料模具零件明细表**

| 序号 | 名称 | 数量 | 用途 | 材料 | 热处理 | 备注 |
|---|---|---|---|---|---|---|
| | | | | | | |
| | | | | | | |
| | | | | | | |
| | | | | | | |
| | | | | | | |
| | | | | | | |
| | | | | | | |
| | | | | | | |
| | | | | | | |
| | | | | | | |
| | | | | | | |
| | | | | | | |

## 六、注意事项

(1)复习有关理论知识，认真阅读实验指导书，对实验报告所要求的内容在实验过程中作详细的记录；

(2)拆卸时要小心，不可用力过大，不要损坏塑料模具的零件；

(3)按机械制图的规范绘制塑料模具的主要零件图；

(4)实验结束时，按清单清点工具，交指导老师验收。

## 七、思考题

(1)根据塑料模具的拆装过程，判断塑料模具设计的合理性。

(2)根据塑料模具的拆装过程，说明设计模具所要注意的问题。

(3)简述塑料模具的工作原理。

# 2.2　塑料模具测绘实验

## 一、实验目的

(1)对所拆装的塑料模具进行测绘，加深对塑料模具结构的认识；

(2)巩固和加深所学的塑料模具结构设计的理论知识；

(3)使学生对所学的测量技术及塑料模具知识能够综合运用。

## 二、实验设备和工具

(1)塑料注射模 25 台。

(2)拆装工具。游标卡尺、角尺、内六角扳手、台虎钳、锤子、铜棒等。

## 三、实验内容

1. 拆卸塑料模具

按实验要求拆卸塑料模具。

2. 测绘

测量塑料模具的各零件图并绘制其零件图和装配图。

## 四、实验步骤

1. 拆卸

按拟定的顺序进行塑料模具拆卸。要求体会拆卸联结件的用力情况，对所拆下的每一个零件进行观察，测量并作记录。记录拆下零件的位置，按一定秩序摆放好，避免在组装时出现错误或漏装零件。

2. 测量

使用测量工具测量塑料模具各零件的尺寸。

3. 绘图

绘制塑料模具的各零件图和装配图。

4. 组装

1)拟定装配顺序

以先拆的零件后装、后拆的零件先装为一般原则制定装配顺序。

2)按顺序装配模具

按拟定的顺序将全部模具零件装回原来的位置。注意正反方向，防止漏装。其它注意事项与拆卸模具相同，遇到零件受损不能进行装配时应学习用工具修复受损零件后再装配。

3)装配后的检查

观察装配后的模具和拆卸前是否一致，检查是否有错装或漏装等。

## 五、实验结果

绘制塑料模具的零件图和装配图。

## 六、注意事项

(1)认真阅读实验指导书，在实验过程中须详细的记录；

(2)准确使用拆卸工具和测量工具，拆卸配合件时要分别采用拍打、压出等不同方法对待不同配合关系的零件。注意保护受力平衡，不可盲目用力敲打，严禁用铁榔头直接敲打塑料模具零件；

(3)不可拆卸的零件和不宜拆卸的零件不要拆卸，拆卸过程中注意安全及不要损坏塑料模具各零件。拆卸遇到困难时分析原因，并请教指导老师；

(4)带齐绘图仪器和纸张。同组人对拆卸、测量、记录和绘图等分工负责；

(5)实验结束时，按清单清点工具，交指导老师验收。

## 七、思考题

(1)根据塑料模具零件的作用，判断塑料模具零件之间的配合类型。

(2)说明实验中使用的测量方法。

# 第3章　机械制造装备设计实验

## 3.1　床头箱传动系统

### 一、实验目的

(1)了解 CA6140 床头箱传动系统的工作原理；
(2)了解 CA6140 床头箱各零件的名称和作用；
(3)绘制 CA6140 床头箱传动系统图；
(4)写出 CA6140 床头箱的传动链。

### 二、实验设备和工具

(1)CA6140 床头箱模型。
(2)直尺、铅笔、橡皮和纸张。

### 三、实验内容

1. 实验原理

CA6140 型卧式车床传动系统图如图 3-1 所示，传动框图如图 3-2 所示。

主运动传动链的两末端件是主电动机与主轴，它的功用是把动力源(电动机)的运动及动力传给主轴，使主轴带动工件旋转实现主运动，并满足卧式车床主轴变速和换向的要求。

运动由电动机经Ⅴ带轮传动副传至主轴箱中的轴Ⅰ。在轴Ⅰ上装有双向多片离合器 $M_1$。$M_1$ 的作用是使主轴正转、反转或停止，它就是传动框图(图 3-1)中的主换向机构。

当压紧离合器 $M_1$ 左部的摩擦片时，轴Ⅰ的运动经齿轮副 58/36 或 53/41 传给轴Ⅱ，从而使轴Ⅱ获得两种转速。当压紧离合器 $M_1$ 的右部摩擦片时，轴Ⅰ的运动经右部摩擦片及齿轮 50(数字表示齿轮齿数)传至轴Ⅶ的空套齿轮 34，然后再传给轴Ⅱ上的固定齿轮 30，使轴Ⅱ转动。这时由于轴Ⅰ至轴Ⅱ的传动中多经过一个中间齿轮 34，因此，轴Ⅱ的转动方向与经 $M_1$ 左部转动时相反，反转转速只有一种。当离合器 $M_1$ 处于中间位置时，其左部和右部的摩擦片都没有被压紧，空套在轴Ⅰ上的齿轮 58、53 和齿轮 50 都不转动，轴Ⅰ的运动不能传至轴Ⅱ，因此主轴也就停止转动。

轴Ⅱ的运动可分别通过三对齿轮副 22/58、30/50 或 39/41 传至轴Ⅲ，因而正转共有 $2\times3=6$种转速。运动由轴Ⅲ传到主轴有两条传动路线：

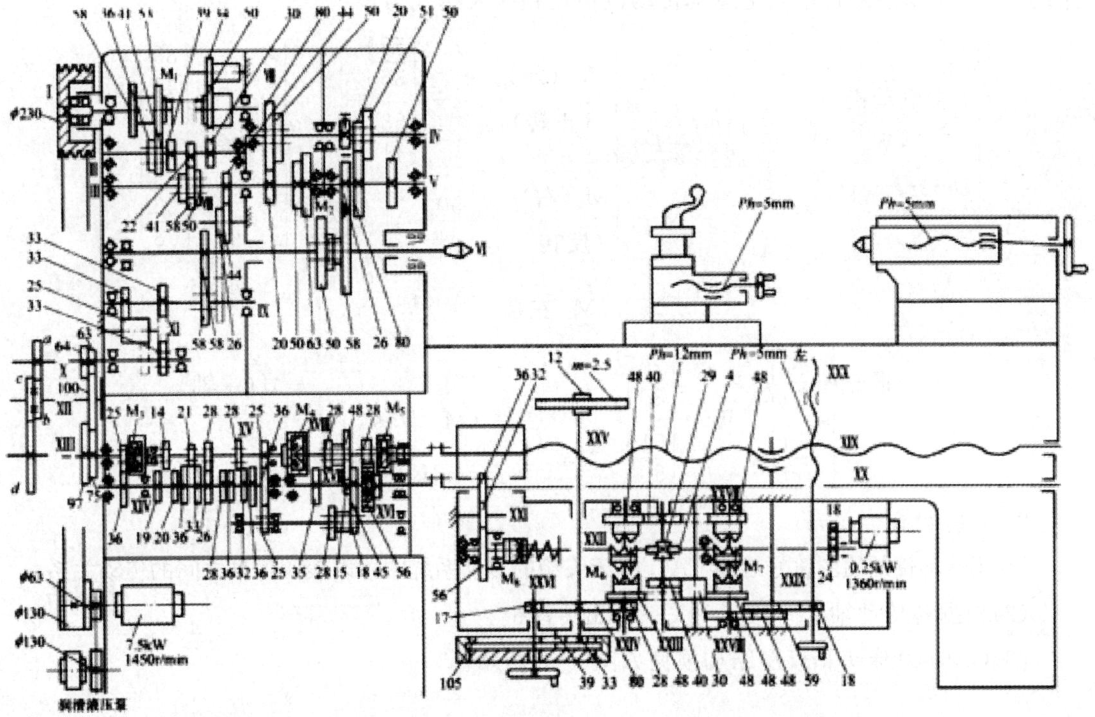

图 3-1 CA6140 型卧式车床传动系统图

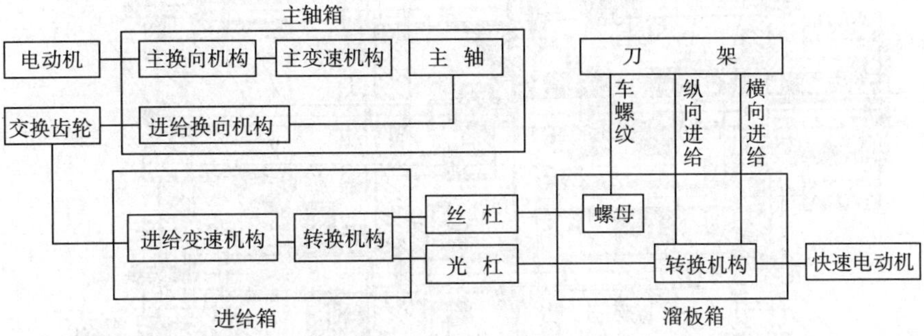


图 3-2 卧式车床传动框图

(1)高速传动路线：主轴上的滑移齿轮 50 移至左端，使之与轴Ⅲ上右端的齿轮 63 啮合，于是运动就由轴Ⅲ经齿轮副 63/50 直接传给主轴，使主轴得到 500～1600r/min 的 6 种高转速。

(2)低速传动路线：主轴上的滑移齿轮 50 移至右端，使主轴上的齿式离合器 $M_2$ 啮合，于是轴Ⅲ的运动就经齿轮副 20/80 或传给轴Ⅳ，然后再由轴Ⅳ经齿轮副 20/80 或 50/50 传给轴Ⅴ，再经齿轮副 26/58 和齿式离合器 $M_2$ 传给主轴，使主轴获得 11～560r/min 的 18 种低转速。上述这些滑移变速齿轮副就是传动框图中的主变速机构，主轴箱中经过变速的各级转速最后直接传至主轴，没有经过定比传动。

在说明和分析机床传动系统时，为简便起见，常用传动路线表达式来表示机床的传动路线。CA6140 型卧式车床主运动传动链传动路线表达式为：

$$\text{主电动机}\begin{pmatrix}7.5\text{kW}\\ 1450\text{r/min}\end{pmatrix}-\frac{\phi130}{\phi230}-I-\left\{\begin{array}{l}\begin{array}{l}M_1(\text{左})\\(\text{正转})\end{array}-\left\{\begin{array}{c}\frac{58}{36}\\ \frac{53}{41}\end{array}\right\}-\\ \begin{array}{l}M_1(\text{右})\\(\text{反转})\end{array}-\frac{50}{34}-\mathrm{VII}-\frac{34}{30}\end{array}\right\}-\mathrm{II}-\left\{\begin{array}{c}\frac{39}{41}\\ \frac{30}{50}\\ \frac{22}{58}\end{array}\right\}-$$

$$-\mathrm{III}-\left\{\begin{array}{l}\qquad\qquad-\frac{63}{50}-(M_2\ \text{左移})\\ \left\{\begin{array}{c}\frac{20}{80}\\ \frac{50}{50}\end{array}\right\}-\mathrm{IV}-\left\{\begin{array}{c}\frac{20}{80}\\ \frac{51}{50}\end{array}\right\}-\mathrm{V}-\frac{26}{58}-(M_2\ \text{右移})\end{array}\right\}-\mathrm{VI}(\text{主轴})$$

2. 实验内容

(1)用传动件的简图符号绘制 CA6140 床头箱的传动系统图，以表明各轴之间的传动关系。

(2)根据各传动轴之间的传动关系写出传动链。

(3)CA6140 床头箱模型结构模型如图 3-3 所示。

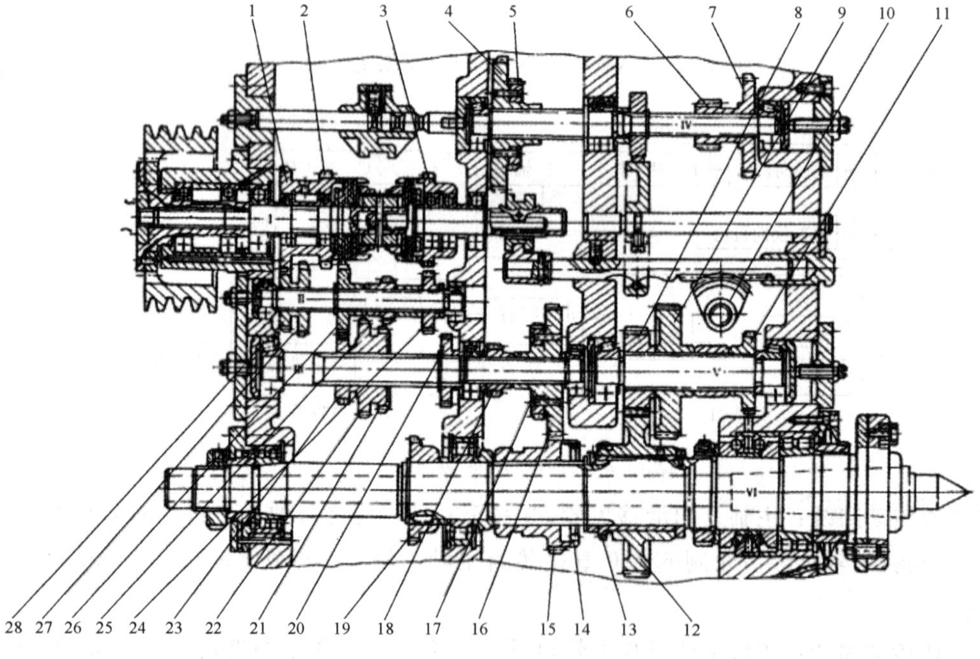


图 3-3　CA6140 床头箱模型结构

1—56Z 1.75M；2—51Z 1.75M；3—50Z 1.75M；4—74Z 2M；5—26Z 2M；6—26Z；2M；7—74Z 2M；8—26Z 3M 右旋 10°；9—74Z 2M；10—36Z 2M；11—50Z 2M；12—58Z 3M 左旋 10°；13—40Z 2M；14—内齿 40Z 2M；15—49Z 2.25M；16—64Z 2.25M；17—50Z 2M；18—26Z 2M；19—58Z 1.5M；20—44Z 1.75M；21—50Z 1.75M；22—54Z 1.75M；23—41Z 1.75M；24—30Z 1.75M；25—26Z 1.75M；26—39Z 1.75M；27—43Z 1.75M；28—38Z 1.75M

### 四、实验步骤

(1)确定传动路线。缓慢地旋转主动轴，并仔细观察传递的运动，找出从主动轴到输出轴各条传动的路线。

(2)绘制传动系统图。用传动件的简图符号绘制 CA6140 床头箱的传动系统图。

(3)根据各传动轴之间的传动关系写出传动链。

### 五、注意事项

(1)实验前认真阅读实验指导书。

(2)旋转主动轴时速度要慢；移开干涉的齿轮副，不可强行转动，避免损坏床头箱里面的零件。

(3)注意用标准的简图符号绘制传动系统图。

### 六、思考题

(1)CA6140 床头箱通过什么机构进行变速？

(2)CA6140 床头箱主要零件的名称和作用是什么？

(3)CA6140 床头箱采用的是什么操纵机构？

## 3.2 进给箱传动系统

### 一、实验目的

(1)了解 CA6140 进给箱传动系统的工作原理；

(2)了解 CA6140 进给箱各零件的名称和作用；

(3)绘制 CA6140 进给箱的传动系统图；

(4)写出 CA6140 进给箱的传动链。

### 二、实验设备和工具

(1)CA6140 进给箱。

(2)直尺、铅笔、橡皮和纸张。

### 三、实验内容

1. 实验原理

进给传动链是实现刀具纵向或横向移动的传动链。卧式车床在切削螺纹时，进给传动链是内联系传动链，主轴转一周，刀架的移动量应等于螺纹导程。在切削圆柱面和端面时，进给传动链是外联系传动链，进给量也是以工件每转刀架的移动量来计算的。所以，在分析进给链时都是把主轴和刀架作为传动链的两末端件。

进给传动链的传动路线为：运动从主轴Ⅵ经轴Ⅸ(或再经轴Ⅺ上的中间齿轮25使运动反向)传至轴Ⅹ，这是框图中的进给换向机构。运动再经过交换齿轮传至轴ⅩⅢ，然后传入进给箱。从进给箱传出的运动，一条路线是经丝杠ⅩⅨ带动溜板箱，使刀架纵向运动，这是车削螺纹的传动链；另一条路线是经光杠ⅩⅩ和溜板箱带动刀架作纵向或横向的机动进给，这是一般机动进给的传动链。

CA6140型车床可车削米制、英制、模数制和径节制四种标准的常用螺纹。此外，还可以车削大导程、非标准和较精密的螺纹。既可以车削右螺纹。也可以车削左螺纹。

无论车削哪一种螺纹，都必须在加工中形成母线(螺纹面型)和导线(螺旋线)。用螺纹车刀形成母线(成形法)不需成形运动，形成螺旋线采用轨迹法。螺纹的形成需要一个复合的成形运动。为了形成一定导程的螺旋线，必须保证主轴转一周，刀具准确地移动一个导程。根据这个相对运动关系，可列出车螺纹时的运动平衡式为：

$$1r_{(主轴)}uP_{h_1}=P_h \tag{3-1}$$

式中 $u$——从主轴到丝杠之间的总传动比；

$P_{h_1}$——机床丝杠的导程/mm，对CA6140型车床，$P_{h_1}=12$mm；

$P_h$——被加工螺纹的导程/mm。

由此看出，为了车削上述不同类型、不同导程的螺纹，必须对车削螺纹的传动链进行适当调整，使$u$作相应的改变。

1)车削米制螺纹

米制螺纹(也称普通螺纹)在国家标准中已规定了导程的标准值。本机床加工的正常螺纹导程排列如图3-4所示。

| | | | | | |
|---|---|---|---|---|---|
| | 1 | | 1.25 | | 1.5 |
| 1.75 | 2 | 2.25 | 2.5 | | 3 |
| 3.5 | 4 | 4.5 | 5 | 5.5 | 6 |
| 7 | 8 | 9 | 10 | 11 | 12 |

图3-4　正常螺纹导程排列

由上可见，米制标准导程数列是按分段等差数列规律排列的(表中横向)，各段之间互相成倍数关系(表中纵向)。

车削米制螺纹时，进给箱中的离合器$M_3$和$M_4$脱开，$M_5$接合。运动由主轴Ⅵ经齿轮副58/58、换向机构33/33(车左螺纹时经33/25×25/33)、交换齿轮63/100×100/75传到进给箱中，然后由移换机构的齿轮副25/36传至轴ⅩⅣ，再经过双轴滑移变速机构的齿轮副19/14或20/14、36/21、33/21、26/28、28/28、36/28、32/28传至轴ⅩⅤ，然后再由移换机构的齿轮副25/36×36/25传至轴ⅩⅥ，接下去再经轴ⅩⅥ至轴ⅩⅧ间的两组滑移变速机构，最后经离合器$M_5$传至丝杠ⅩⅨ。当溜板箱中的开合螺母与丝杠相啮合时，就可带动刀架车削米制螺纹。

车削米制螺纹时，传动链的传动路线表达式为：

$$\text{主轴 VI}-\frac{58}{58}-\text{IX}-\left\{\begin{array}{c}\dfrac{33}{33}\\ \text{(右螺纹)}\\ \dfrac{33}{25}-\text{XI}-\dfrac{25}{33}\\ \text{(左螺纹)}\end{array}\right\}-\text{X}-\frac{63}{100}\times\frac{100}{75}-\text{XIII}-\frac{25}{36}-$$

$$-\text{XIV}-\left\{\begin{array}{c}\dfrac{19}{14}\\ \dfrac{20}{14}\\ \dfrac{36}{21}\\ \dfrac{26}{28}\\ \dfrac{28}{28}\\ \dfrac{36}{28}\\ \dfrac{32}{28}\\ \dfrac{33}{21}\end{array}\right\}-\text{XV}-\frac{25}{36}\times\frac{36}{25}-\text{XIV}-\left\{\begin{array}{c}\dfrac{28}{35}\times\dfrac{35}{28}\\ \dfrac{18}{45}\times\dfrac{35}{28}\\ \dfrac{28}{35}\times\dfrac{15}{48}\\ \dfrac{18}{45}\times\dfrac{15}{48}\end{array}\right\}-\text{XVIII}-M_5-\text{丝杠 XIX}-\text{刀架}$$

其中轴 XIV — XV 之间的变速机构可变换为八种不同的传动比：

$$u_{基1}=\frac{26}{28}=\frac{6.5}{7} \qquad u_{基5}=\frac{19}{14}=\frac{9.5}{7}$$

$$u_{基2}=\frac{28}{28}=\frac{7}{7} \qquad u_{基6}=\frac{20}{14}=\frac{10}{7}$$

$$u_{基3}=\frac{32}{28}=\frac{8}{7} \qquad u_{基7}=\frac{33}{21}=\frac{11}{7}$$

$$\mu_{基4}=\frac{36}{28}=\frac{9}{7} \qquad u_{基8}=\frac{36}{21}=\frac{12}{7}$$

上述传动比可简写为 $u_{基j}=P_{h_1}/7$，$P_{h_1}=6.5$，7，8，9，9.5，10，11，12。这些传动比的分母都是 7，分子则除 6.5 和 9.5 用于其他种类的螺纹外，其余按等差数列排列，相当于米制螺纹导程标准的最后一行。这套变速机构称为基本组。轴 XVI 至 XVIII 间的变速机构可变换四种传动比：

$$u_{倍1}=\frac{18}{45}\times\frac{15}{48}=\frac{1}{8} \qquad u_{倍3}=\frac{18}{45}\times\frac{35}{28}=\frac{1}{2}$$

$$u_{倍2}=\frac{28}{35}\times\frac{15}{48}=\frac{1}{4} \qquad u_{倍4}=\frac{28}{35}\times\frac{35}{28}=1$$

它们可实现螺纹导程标准中的倍数关系，称为增倍机构或增倍组。基本组、增倍组和移换机构组成传动框图中的进给变速机构。

$$P_{\mathrm{h}} = 1r_{(\text{主轴})} \times \frac{58}{58} \times \frac{33}{33} \times \frac{63}{100} \times \frac{100}{75} \times \frac{25}{36} u_{\text{基}} \times \frac{25}{36} \times \frac{36}{25} u_{\text{倍}} \times 12 \tag{3-2}$$

式中　$u_{\text{基}}$——基本组的传动比；

$u_{\text{倍}}$——增倍组的传动比。

将上式简化后可得：

$$P_{\mathrm{h}} = 7u_{\text{基}}\ u_{\text{倍}} = 7\ \frac{P_{\mathrm{h_j}}}{7} u_{\text{倍}} = P_{\mathrm{h_j}} u_{\text{倍}} \tag{3-3}$$

选择 $u_{\text{基}}$ 和 $u_{\text{倍}}$ 的值，就可以得到各种 $P_{\mathrm{h}}$ 值。利用基本组可以得到按等差数列排列的基本导程 $P_{\mathrm{h_j}}$，利用增倍组可把由基本组得到的 8 种基本导程值按 1/1、1/2、1/4、1/8 缩小。两者串联使用就可以车削出米制标准导程。CA6140 型卧式车床能车削的米制螺纹导程如表 3-1 所示。从中可看出基本组和增倍组各齿轮副传动比与被加工螺纹导程的关系。

**表 3-1　车削米制螺纹导程**

| 增倍组的传动比 \ 基本组的传动比 | $u_{\text{倍}1}=18/45\times15/48=1/8$ | $u_{\text{倍}2}=28/35\times15/48=1/4$ | $u_{\text{倍}3}=18/45\times35/28=1/2$ | $u_{\text{倍}4}=28/35\times35/28=1$ |
|---|---|---|---|---|
| $u_{\text{基}1}=26/28=6.5/7$ | | | | |
| $u_{\text{基}2}=28/28=7/7$ | | 1.75 | 3.5 | 7 |
| $u_{\text{基}3}=32/28=8/7$ | 1 | 2 | 4 | 8 |
| $u_{\text{基}4}=26/28=9/7$ | | 2.25 | 4.5 | 9 |
| $u_{\text{基}5}=19/14=9.5/7$ | | | | |
| $u_{\text{基}6}=20/14=10/7$ | 1.25 | 2.5 | 5 | 10 |
| $u_{\text{基}7}=33/21=11/7$ | | | 5.5 | 11 |
| $u_{\text{基}8}=36/21=12/7$ | 1.5 | 3 | 6 | 12 |

由表 3-1 可知，经这一条传动路线能车削的米制螺纹的最大导程是 12mm，当需要导程大于 12mm 的螺纹时(例如大导程多线螺纹和油槽)，可将轴Ⅸ上的滑移齿轮 58 向右移动，使之与轴Ⅷ上的齿轮 26 啮合。于是，主轴Ⅵ与轴Ⅸ之间的传动路线表达式为：

$$\text{主轴Ⅵ}-\left\{\begin{array}{c} \overline{\qquad\qquad\qquad}\ \frac{58}{58}\,\text{(正常螺纹导程 1:1)} \\ \text{(扩大螺纹导程 4:1)} \\ \frac{58}{26}-\text{Ⅴ}-\frac{80}{20}-\text{Ⅳ}-\left\{\begin{array}{c}\frac{50}{50}\\[2ex] \frac{80}{20}\end{array}\right\}-\text{Ⅲ}-\frac{44}{44}-\text{Ⅷ}-\frac{26}{58} \\ \text{(扩大螺纹导程 16:1)}\end{array}\right\}-\text{Ⅸ}-\cdots$$

加工扩大螺纹导程时，自轴Ⅸ以后的传动路线仍与正常螺纹导程时相同。由此可算出从轴Ⅵ到轴Ⅸ之间的传动比：

$$u_{\text{扩}1}=\frac{58}{26}\times\frac{80}{20}\times\frac{50}{50}\times\frac{44}{44}\times\frac{26}{58}=4$$

$$u_{扩2}=\frac{58}{26}\times\frac{80}{20}\times\frac{80}{20}\times\frac{44}{44}\times\frac{26}{58}=16$$

而在加工正常螺纹导程时，主轴Ⅵ与轴Ⅸ间的传动比 $u_{正}=58/58=1$。

这表明，当车削螺纹传动链其他部分不变时，只作上述调整，便可使螺纹导程比正常导程相应地扩大 4 倍或 16 倍。因此，通常把上述传动机构称之为扩大螺纹导程机构。它实质上也是一个增倍组。但必须注意到，由于扩大螺纹导程机构的传动齿轮就是主运动的传动齿轮，所以只有主轴上的 $M_2$ 合上，即主轴处于低速状态时才能用扩大螺纹导程。当传动比为$\frac{20}{80}\times\frac{50}{50}=1/4$ 时，$u_{扩1}=4$，导程扩大至 4 倍；当传动比为$\frac{20}{80}\times\frac{20}{80}=\frac{1}{16}$时，$u_{扩2}=16$，导程扩大至 16 倍，即当主轴转速确定后，螺纹导程能扩大的倍数也就确定了。

2)车削模数螺纹

车削模数螺纹主要用于车削米制蜗杆，有时某些特殊丝杠的导程也是模数制的。模数螺纹用模数 $m$ 表示导程的大小。米制蜗杆的齿距为 $\pi m$，故模数螺纹的导程为 $P_{h_m}=K\pi m$，这里 $K$ 为螺纹的线数。

模数 $m$ 的标准值也是按分段等差数列(段与段之间等比)的规律排列的。与米制螺纹不同的是，在模数螺纹导程中含有特殊因子 $\pi$。为此，车削模数螺纹时，交换齿轮需换为$\frac{64}{100}\times\frac{100}{97}$。其余部分的传动路线与车削米制螺纹时完全相同。运动平衡式为：

$$P_{h_m}=1r_{(主轴)}\times\frac{58}{58}\times\frac{33}{33}\times\frac{64}{100}\times\frac{100}{97}\times\frac{25}{36}u_{基}\times\frac{25}{36}\times\frac{36}{25}u_{倍}\times12 \tag{3-4}$$

$$=\frac{64}{100}\times\frac{100}{97}\times\frac{25}{36}\approx\frac{7\pi}{48}\text{，将其代入化简后得：}$$

$$P_{h_m}=\frac{7\pi}{4}u_{基}\ u_{倍} \tag{3-5}$$

$$P_{h_m}=K\pi m\text{，从而得：}$$

$$m=\frac{7}{4K}u_{基}\ u_{倍}=\frac{1}{4K}P_{h_j}u_{倍} \tag{3-6}$$

改变 $u_{基}$ 和 $u_{倍}$，就可以车削出按分段等差数列排列的各种模数的螺纹。如应用扩大螺纹导程机构，也可以车削出大导程的模数螺纹。

3)车削英制螺纹

英制螺纹在采用英制的国家(如英、美、加拿大等)中应用较广泛。我国的部分管螺纹目前也采用英制螺纹。

英制螺纹以每英寸长度上的螺纹扣数 $a$ 表示，因此英制螺纹的导程 $P_{h_a}=1/a(\text{in})$。由于这台车床的丝杠是米制螺纹，被加工的英制螺纹也应换算成以毫米为单位的相应导程值，即：

$$P_{h_{Ta}}=\frac{1}{a}\text{in}=\frac{25.4}{a}\text{mm} \tag{3-7}$$

$a$ 的标准值也是按分段等差数列的规律排列的，所以，英制螺纹的导程是分段的调和数列，分母为等差级数。此外，还有特殊因子 25.4。由此可知，如要车削出各种英制螺纹，只需对米制螺纹的传动路线作如下两点变动：

(1)将基本组的主动轴与被动轴对调，即轴 XV 变成主动轴，轴 XIV 变成被动轴，这样可得 8 个按调和数列(分子相同，分母为等差级数)排列的传动比值。

(2)在传动链中实现特殊因子 25.4。

为此，进给箱中的离合器 $M_3$ 和 $M_5$ 接合，$M_4$ 脱开，同时轴 XVI 左端的滑移齿轮 25 移至左端位置，与固定在轴 XIV 上的齿轮 36 相啮合。则运动由轴 XIII 经 $M_3$ 先传到轴 XV，然后传至轴 XIV，再经齿轮副$\frac{36}{25}$传至轴 XVI。其余部分的传动路线与车削米制螺纹时相同。车削英制螺纹时传动路线时，其运动平衡式为：

$$P_{h_a}=1r_{(主轴)}\times\frac{58}{58}\times\frac{33}{33}\times\frac{63}{100}\times\frac{100}{75}\times\frac{1}{u_{基}}\times\frac{36}{25}u_{倍}\times 12 \tag{3-8}$$

其中，$\frac{63}{100}\times\frac{100}{75}\times\frac{36}{25}=\frac{63}{75}\times\frac{36}{25}\approx\frac{25.4}{21}$，故：

$$P_{h_a}\approx\frac{25.4}{21}\times\frac{1}{u_{基}}u_{倍}\times 12=\frac{4}{7}\times 25.4\frac{u_{倍}}{u_{基}}$$

因为：$P_{h_a}=K_{Ph_{Ta}}=\frac{25.4K}{a}=\frac{4}{7}\times 25.4\frac{u_{倍}}{u_{基}}$，从而得：

$$a=\frac{7}{4}\frac{u_{倍}}{u_{基}}K \tag{3-9}$$

改变 $u_{基}$ 和 $u_{倍}$，就可以车削出按分段等差数列排列的各种 $a$ 值的英制螺纹。

4)车削径节螺纹

车削径节螺纹主要用于车削英制蜗杆，它是用径节 $DP$ 来表示的。径节 $DP=z/D$ ($z$—齿数，$D$—分度圆直径，in)，即蜗轮或齿轮折算到每一英寸分度圆直径上的齿数。所以英制蜗杆的轴向齿距，即径节螺纹的导程为：

$$P_{h_{DP}}=\frac{\pi}{DP}\text{in}=\frac{25.4\pi}{DP}\text{mm} \tag{3-10}$$

径节 $DP$ 也是按分段等差数列的规律排列的，所以径节螺纹导程系列排列的规律与英制螺纹一样，只是含有特殊因子 25.4π。车削径节螺纹时，传动路线与车削英制螺纹时完全相同，但交换齿轮需换为$\frac{64}{100}\times\frac{100}{97}$，它和移换机构轴 XIV—XVI 间的齿轮副 36/25 组合，得到传动比值为：$\frac{64}{100}\times\frac{100}{7}\times\frac{36}{25}=25.4\pi/84$

由上述可知，加工米制螺纹和米制蜗杆时，轴 XIV 是主动轴；加工英制螺纹和英制蜗杆时，轴 XV 是主动轴。主动轴与被动轴的对调是通过轴 XIII 左端齿轮 25(向左与轴 XIV 上的齿轮 36 啮合，向右则与 XV 轴左端的 $M_3$ 形成内、外齿轮离合器)和轴 XVI 左端齿轮 25 的移动(分别与轴 XIV 右端的两个齿轮 36 啮合)来实现的，这两个齿轮由操纵机构控制它们在相反的方向上联动，即其中一个在左端位置时，另一个必在右端位置；而其中一个在右端位置时，另一个必在左端位置。轴ⅩⅢ—ⅩⅥ间的齿轮副$\frac{25}{36}$、离合器 M3 及轴ⅩⅤ、ⅩⅣ、ⅩⅥ上的齿轮副$\frac{25}{36}\times\frac{36}{25}$和$\frac{36}{25}$成为移换机构。

加工一般螺纹时应用交换齿轮$\frac{63}{100}\times\frac{100}{75}$；加工蜗杆时，应用交换齿轮$\frac{64}{100}\times\frac{100}{97}$，使其含有特殊因子 $\pi$。

5)车削非标准螺纹

当需要车削非标准螺纹时，用进给变速机构无法得到所要求的导程。这时，须将离合器 M3、M4 和 M5 全部啮合，把轴ⅩⅢ、ⅩⅤ、ⅩⅦ和丝杠联成一体，使运动由交换齿轮直接传到丝杠。被加工螺纹的导程 $P_h$ 依靠调整交换齿轮架的传动比 $u_{交}$ 来实现。此时运动平衡式为：

$$P_h = 1r_{(主轴)} \times \frac{58}{58} \times \frac{33}{33} \times u_{交} \times 12 \tag{3-11}$$

将上式简化后，得交换齿轮的换置公式为：

$$u_{交} = \frac{a}{b}\frac{c}{d} = \frac{P_h}{12} \tag{3-12}$$

为了综合分析和比较车削上述各种螺纹时的传动路线，把 CA6140 型车床进给运动链中加工螺纹时的传动路线表达式归纳总结如下：

$$\text{主轴Ⅵ}-\left\{\begin{array}{c} \frac{58}{58} \\ \text{(正常螺纹导程)} \\ \frac{58}{26}-\text{Ⅴ}-\frac{80}{20}-\text{Ⅳ}-\left\{\begin{array}{c}\frac{50}{50}\\ \frac{80}{20}\end{array}\right\}-\text{Ⅲ}-\frac{44}{44}-\text{Ⅷ}-\frac{26}{58} \\ \text{(扩大导程螺纹)} \end{array}\right\}-\text{Ⅸ}-\left\{\begin{array}{c} \frac{33}{33} \\ \text{(右螺纹)} \\ \frac{33}{25}-\text{Ⅺ}-\frac{25}{33} \\ \text{(左螺纹)} \end{array}\right\}-$$

$$-\text{Ⅹ}-\left\{\begin{array}{c} \left\{\begin{array}{c} \frac{63}{100}-\text{Ⅻ}-\frac{100}{75} \\ \text{(米、英制螺纹)} \\ \frac{64}{100}-\text{Ⅻ}-\frac{100}{97} \\ \text{(模数、径节螺纹)} \end{array}\right\}-\text{ⅩⅢ}-\left\{\begin{array}{c} \frac{25}{36}-\text{ⅩⅣ}-u_{基}-\text{ⅩⅤ}-\frac{25}{36}-\text{ⅩⅣ}-\frac{36}{25} \\ \text{(米制及模数螺纹)} \\ M_{3合}-\text{ⅩⅤ}-\frac{1}{u_{基}}-\text{ⅩⅣ}-\frac{36}{25} \\ \text{(英制及径节螺纹)} \end{array}\right\}-\text{ⅩⅥ}-u_{倍} \\ \frac{a}{b}\frac{c}{d}-\text{ⅩⅢ}-M_{3合}-\text{ⅩⅤ}-M_{4合} \\ \text{(非标准螺纹)} \end{array}\right\}-$$

$$\text{ⅩⅧ}-M_{5合}-\text{ⅩⅨ}$$

2. 实验内容

(1)用传动件的简图符号绘制 CA6140 进给箱的传动系统图，以表明各轴之间的传动副和操纵件等。

(2)根据各传动轴之间的传动关系写出 CA6140 进给箱的传动链。

(3)CA6140 进给箱模型结构如图 3-5 所示。

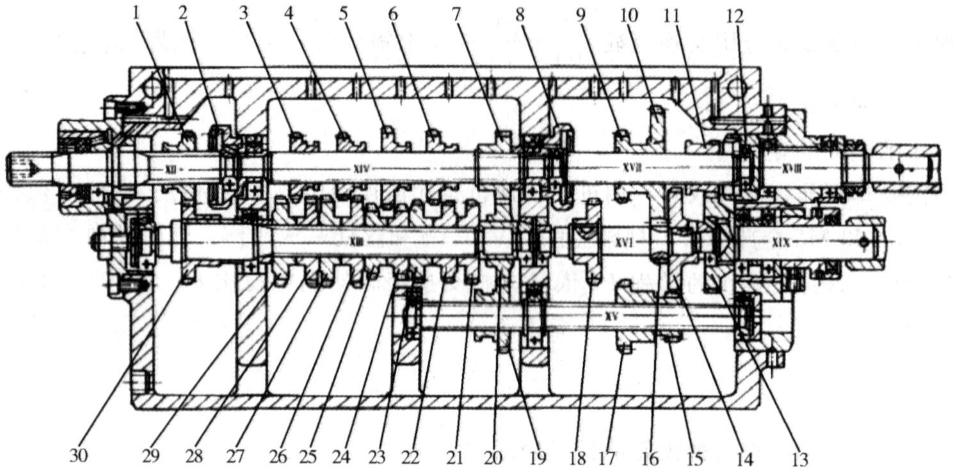


图 3-5　CA6140 进给箱模型结构图

1—27Z 1. 75M；2—离合器 27Z 1. 78M；3—17Z 3M；4—25Z 2M；5—28Z 2. 25M；6—28Z 1. 75M；7—27Z 1. 75M；8—离合器 28Z 1. 75M；9—28Z 1. 75M；10—48Z 1. 75M；11—28Z 1. 5M；12—内齿离合器 28Z 1. 5M；13—46Z 1. 5M；14—45Z 1. 75M；15—18Z 1. 75M；16—齿轮轴 15Z 1. 75M；17—27Z 1. 75M；18—35Z 1. 75M；19—27Z 1. 75M；20—36Z 1. 75M；21—36Z 1. 75M；22—34Z 1. 75M；23—35Z 1. 75M；24—20Z 2. 25M；25—21Z 2. 25M；26—30Z 2M；27—31Z 2M；28—19Z 3M；29—20Z 3M；30—36Z 1. 75M

## 四、实验步骤

(1)确定传动路线。缓慢地旋转主动轴，并仔细观察传递的运动，找出从主动轴到输出轴各条传动的路线。

(2)绘制 CA6140 进给箱传动系统图。

(3)写出 CA6140 进给箱的传动链。

## 五、注意事项

(1)实验前认真阅读实验指导书。

(2)旋转主动轴时速度要慢；移开干涉的齿轮副，不可强行转动，避免损坏进给箱里面的零件。

(3)注意用标准的简图符号绘制传动系统图。

## 六、思考题

(1)CA6140 进给箱通过什么机构进行变速？

(2)CA6140 进给箱主要零件的名称和作用是什么？

(3)CA6140 进给箱采用的是什么操纵机构？

## 3.3 溜板箱传动系统

### 一、实验目的

(1)了解 CA6140 溜板箱传动系统的工作原理；

(2)了解 CA6140 溜板箱各零件的名称和作用；

(3)绘制 CA6140 溜板箱的传动系统图；

(4)写出 CA6140 溜板箱的传动链。

### 二、实验设备和工具

(1)CA6140 溜板箱模型。

(2)直尺、铅笔、橡皮和纸张。

### 三、实验内容

1. 实验原理

车削圆柱面和端面时，形成母线的成形运动是相同的(主轴旋转)，但形成导线时成形运动(刀架移动)的方向不同。运动从进给箱经光杠输入溜板箱，经转换机构实现纵向进给(车削圆柱面)或横向进给(车削端面)。

1)传动路线

为了避免丝杠磨损过快，及便于人工操纵(将刀架运动的操纵机构放在溜板箱上)，机动进给运动是由光杠经溜板箱传动的。这时，将进给箱中的离合器 $M_5$ 脱开，使轴 XVIII 的齿轮 28 与轴 XX 左端的齿轮 56 相啮合。运动由进给箱传至光杠 XX，再经溜板箱中的齿轮副$\frac{36}{32}\times\frac{32}{56}$、超越离合器及安全离合器 $M_8$、轴 XXII、蜗杆副$\frac{4}{29}$传至轴 XXIII。当运动由轴 XXIII 经齿轮副$\frac{40}{48}$或$\frac{40}{40}\times\frac{30}{48}$、双向离合器 $M_6$、轴 XXIV、齿轮副$\frac{28}{80}$、轴 XXV 传至小齿轮 12 时，由于小齿轮 12 与固定在床身上的齿条相啮合，小齿轮转动时，就使刀架作纵向机动进给。当运动由轴 XXIII 经齿轮副$\frac{40}{48}$或$\frac{40}{30}\times\frac{30}{48}$、双向离合器 M7、轴 XXVIII 及齿轮副$\frac{48}{48}\times\frac{59}{18}$传至横向进给丝杠 XXX 后，就使刀架作横向机动进给。其传动路线表达式为：

$$\left.\begin{array}{r}\cdots \text{XVIII}-\frac{28}{56}-\text{XX}-\frac{36}{32}-\text{XXI}-\frac{32}{56}- \\ \text{快移电动机(250W，1360r/min)}-\frac{18}{24}-\end{array}\right\}-\text{XXII}-\frac{4}{29}-\text{XXIII}-$$

$$
-\left\{\begin{array}{l}
\left\{\begin{array}{c} M_6\uparrow\dfrac{40}{48} \\ M_6\downarrow\dfrac{40}{30}\times\dfrac{30}{48}\end{array}\right\}-\text{XXIV}-\dfrac{20}{80}-\text{XXV}-\text{齿轮齿条}\ 12 \\
\left\{\begin{array}{c} M_7\uparrow\dfrac{40}{48} \\ M_7\downarrow\dfrac{40}{30}\times\dfrac{30}{48}\end{array}\right\}-\text{XXVIII}-\dfrac{48}{48}-\text{XXIX}-\dfrac{59}{18}-\text{丝杠}
\end{array}\right.
$$

2)纵向机动进给量

CA6140 型车床纵向机动进给量有 64 种，并由 4 种类型传动路线来获得。

当运动由主轴经正常导程的米制螺纹传动路线时，可获得正常进给量。这时的运动平衡式为：

$$
f_{纵}=1r_{(主轴)}\times\frac{58}{58}\times\frac{33}{33}\times\frac{63}{100}\times\frac{100}{75}\times\frac{25}{36}u_{基}\times\frac{25}{36}\times\frac{36}{25}u_{倍}\times\frac{28}{56}\times\frac{36}{32}\times\frac{32}{56}\times\frac{4}{29}\times\frac{40}{30}\times\frac{30}{48}\times\frac{28}{80}\pi\times 2.5\times 12
$$

化简后可得：

$$
f_{纵}=0.71u_{基}\ u_{倍} \tag{3-13}
$$

改变 $u_{基}$ 和 $u_{倍}$，可得到从 0.08～1.22mm/r 的 32 种正常进给量。

运动由主轴经正常导程的英制螺纹传动路线时，可得到从 0.86～1.59mm/r 的 8 种较大的纵向进给量。运动经由扩大螺纹导程机构及英制螺纹传动路线，且主轴处于 11～140r/min 的 12 级低转速时，可获得从 1.71～6.33mm/r 的 16 种加大进给量。运动经由扩大螺纹导程机构及米制螺纹传动路线，主轴处于 500～1600r/min(其中 560r/min 除外)的 6 级高转速，且当 $u_{倍}$ 调整为 1/8 时，可得从 0.028～0.054mm/r 的 8 种细进给量。

3)横向机动进给量

机动进给时横向进给量的计算，除在溜板箱中由于使用离合器 $M_7$，因而从轴 XXIII 以后传动路线有所不同外，其余则与纵向进给量计算方法相同。由传动分析可知，在对应的传动路线下，所得到的横向机动进给量是纵向机动进给量的一半。

4)刀架的快速移动

为了减轻工人劳动强度及缩短辅助时间，刀架可以实现纵向和横向机动快速移动。当需要刀架快速接近或退离工件的加工部位时，可按下快速移动按钮，使快速电动机(250W、1360r/min)启动。这时运动经齿轮副 $\frac{18}{24}$ 使轴 XXII 高速转动，再经蜗杆副 $\frac{4}{29}$ 传到溜板箱内的转换机构，使刀架实现纵向或横向的快速移动，快移方向仍由溜板箱中双向离合器 $M_6$ 和 $M_7$ 控制。

为了缩短辅助时间和简化操作，在刀架快速移动时不必脱开进给运动传动链。这时，为了避免仍在转动的光杠和快速电动机同时传动轴 XXII 而造成破坏，在齿轮 56 与轴 XXII 之间装有超越离合器。

2. 实验内容

(1)用传动件的简图符号绘制 CA6140 溜板箱的传动系统图，以表明各轴之间的传动副和操纵件等。

(2)根据各传动轴之间的传动关系写出 CA6140 溜板箱的传动链。

(3)CA6140 溜板箱模型结构如图 3-6 所示。

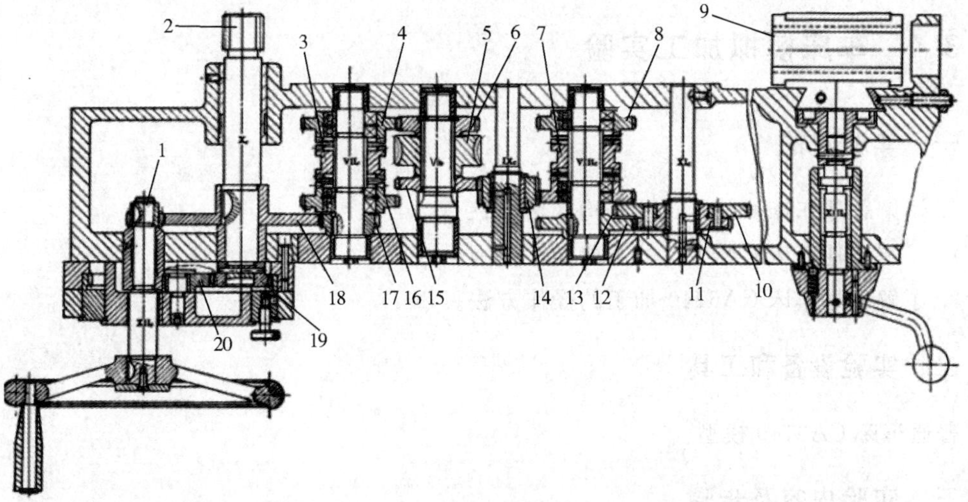


图 3-6　CA6140 溜板箱模型结构

1—17Z 1. 5M；2—12Z 2. 5M；3—平面离合器 M1；4—48Z 1. 5M；5—涡轮 18Z 3M 右旋 9°27′44″
6—40Z 1. 5M；7—平面离合器 M2；8—48Z 1. 5M；9—T=6；10—43Z 2M；11—48Z 1. 5M；12—48Z 1. 5M
13—48Z 1. 5M；14—30Z 1. 5M；15—40Z 1. 5M；16—48Z 1. 5M；17—28Z 1. 5M；18—80Z 1. 5M
19—33Z 1. 25M；20—39Z 1. 25M；
Ⅻc、Ⅹc、Ⅶc、Ⅵb、Ⅸ、Ⅷc、Ⅺc、Ⅷc—轴

## 四、实验步骤

(1)确定传动路线。缓慢地旋转主动轴，并仔细观察传递的运动，找出从主动轴到输出轴各条传动的路线。

(2)绘制 CA6140 溜板箱的传动系统图。

(3)写出 CA6140 溜板箱的传动链。

## 五、注意事项

(1)实验前认真阅读实验指导书。

(2)旋转主动轴时速度要慢；移开干涉的齿轮副，不可强行转动，避免损坏溜板箱里面的零件。

(3)注意用标准的简图符号绘制传动系统图。

## 六、思考题

(1)CA6140 溜板箱通过什么机构进行变速?
(2)CA6140 溜板箱主要零件的名称和作用是什么?
(3)CA6140 溜板箱采用的是什么操纵机构?

# 3.4 车床模拟加工实验

## 一、实验目的

1. 了解普通车床 CA6140 的结构和组成;
2. 了解普通车床 CA6140 的主要加工范围;
3. 了解普通车床 CA6140 加工的操作方法。

## 二、实验设备和工具

普通车床 CA6140 模型。

## 三、实验内容及步骤

1. 普通车床 CA6140 的组成

普通车削机床 CA6140 结构如图 3-7 所示。车削机床 CKA6140 主要用于车外圆、台阶、车端面、孔加工、切槽、切断、车锥面、车螺纹、滚花等。

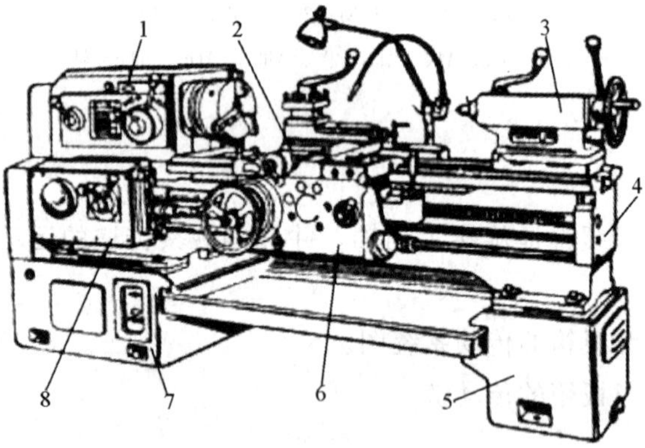


图 3-7　CA6140 普通车床结构图

1—主轴箱;2—刀架;3—尾座;4—床身;5—后床腿;6—溜板箱;7—前床腿;8—进给箱

2. 普通车床 CA6140 的主要加工范围

1)车外圆和台阶

外圆车削是车削加工中最基本,也是最常见的工艺。外圆车削主要有以下几种,如图 3-8 所示。

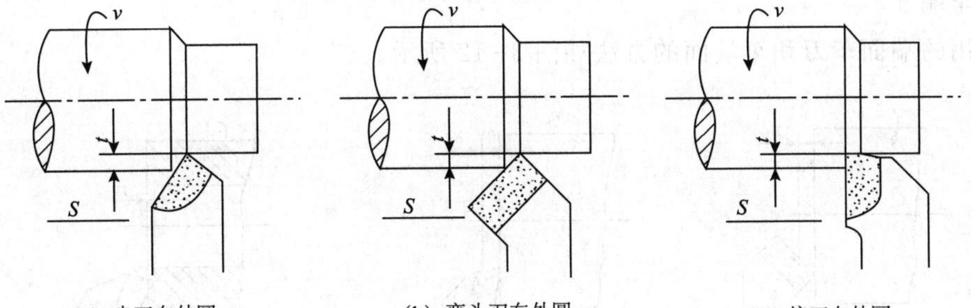


(a) 尖刀车外圆　　(b) 弯头刀车外圆　　(c) 偏刀车外圆

图 3-8　常见的外圆车削

(1)尖刀主要用于粗车外圆和车没有台阶或台阶不大的外圆，如图 3-8(a)所示。

(2)弯头刀用于车外圆、端面、倒角和有 45°斜面的外圆，如图 3-8(b)所示。

(3)偏刀的主偏角为 90°，车外圆时径向力很小，常用来车有垂直台阶的外圆和细长轴，如图 3-8(c)所示。

车高度在 5mm 以下的台阶时，可在车外圆时同时车出。为了使车刀的主切刃垂直于工件的轴线，可在先车好的端面上对刀，使主切刃和端面贴平。

为使台阶长度符合要求，可用钢尺或游标卡尺确定台阶长度，如图 3-9、图 3-10 所示。车削时先用刀尖刻出线痕，以此作为加工界限。这种方法不太准确，一般线痕所定的长度应比所需的长度略短，以留有余地。

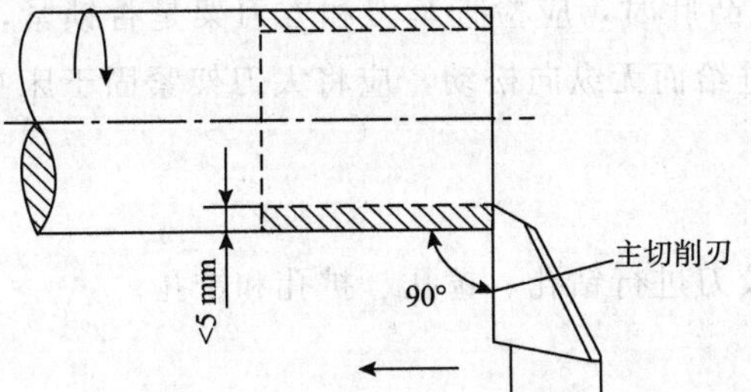


图 3-9　低台阶一次车出

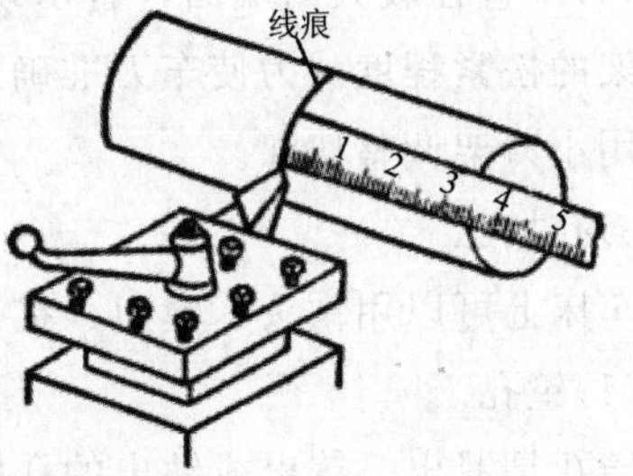


图 3-10　用钢尺等测出加工长度

车高度在 5mm 以上的台阶时，应分层进行多次切削，如图 3-11 所示。

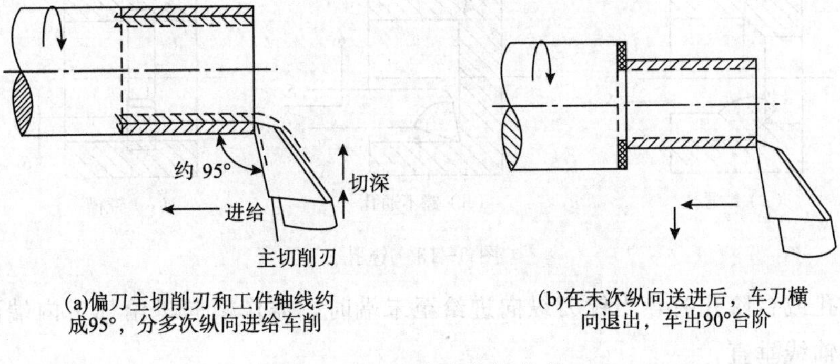


(a)偏刀主切削刃和工件轴线约成95°，分多次纵向进给车削

(b)在末次纵向送进后，车刀横向退出，车出90°台阶

图 3-11　高台阶分层车出

2)车端面

常用的端面车刀和车端面的方法如图 3-12 所示。

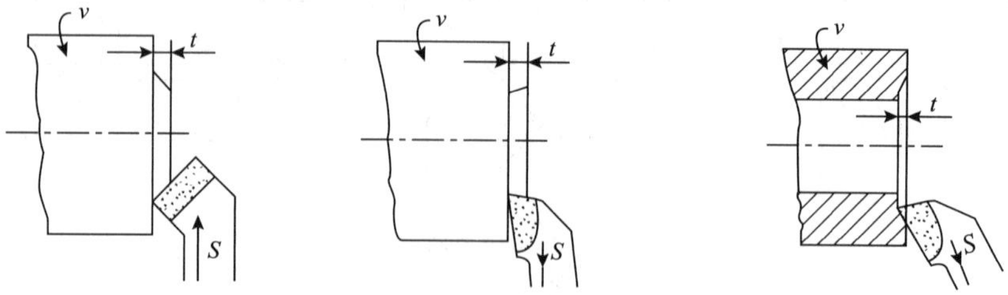


(a) 弯头刀车端面　(b) 偏刀车端面(由外向中心)　(c) 偏刀车端面(由中心向外)

图 3-12　车端面

车端面时应注意以下几点:

(1)车刀的刀尖应对准工件中心，以免车出的端面中心留有凸台。

(2)偏刀车端面，当切深较大时，容易扎刀。而且到工件中心时是将凸台一下子车掉的，因此也容易损坏刀尖。弯头刀车端面，凸台是逐渐车掉的，所以车端面用弯头刀较为有利。

(3)端面的直径从外到中心是变化的，切削速度也在改变，不易车出较低的表面粗糙度，因此工件转速可比车外圆时选择得高一些。为降低端面表面粗糙度，可由中心向外切削。

(4)车直径较大的端面，若出现凹心或凸肚时，应检查车刀和方刀架是否锁紧，以及大刀架的松紧程度。为使车刀准确地横向进给而无纵向松动，应将大刀架紧固于床身，此时可用小刀架调整切深。

3)孔加工

车床上可以用钻头、镗刀、扩孔钻、铰刀进行钻孔、镗孔、扩孔和铰孔。

(1)镗孔

镗孔是锻出、铸出或钻出的孔的进一步加工。镗孔可以较好地纠正原来孔轴线的偏斜并可提高精度降低表面粗糙度，可作粗加工、半精与精加工。镗孔工作如图 3-13 所示。

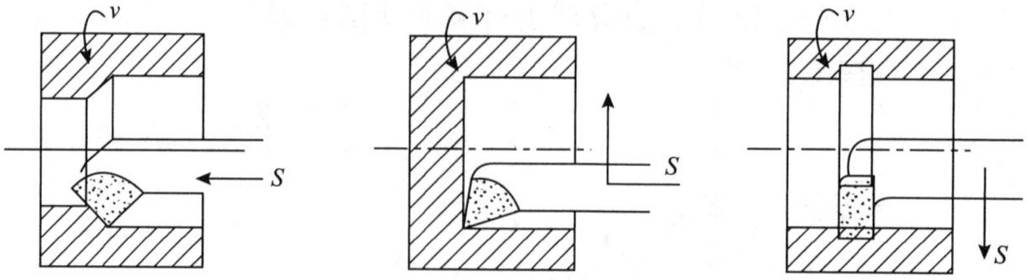


(a) 镗通孔　(b) 镗不通孔　(c) 镗槽

图 3-13　镗孔

镗不通孔或台阶孔时，当镗刀纵向进给至末端时，需作横向进给加工内端面，以保证内端面与孔轴线垂直。

镗刀杆应尽可能粗些。安装镗刀时，伸出刀架的长度应尽量小。刀尖装得要略高于主轴中心，以减少颤动和扎刀现象。此外，如刀尖低于工件中心，也往往会使镗刀下部碰坏孔壁。

由于镗刀刚性较差，容易产生变形与振动，镗孔时往往需要较小的进给量和切深，进行多次走刀，因此生产率较低。但镗刀制造简单，大直径和非标准直径的孔加工都可使用，通用性强。

(2)钻孔、扩孔、铰孔

在车床上进行孔加工时，若工件上无孔，需用钻头钻出孔来。钻孔的精度为 IT10 以下，表面粗糙度 $R_a$12.5，多用于粗加工孔。

扩孔是用扩孔钻作钻孔后的半精加工，精度可达 IT10、IT9，表面粗糙度为 $R_a$6.3、$R_a$3.2。扩孔的余量与孔径大小有关，约为 0.5～2mm。

铰孔是用铰刀作扩孔后或半精镗孔后的精加工。铰孔的余量一般为 0.1～0.2mm，精度一般为 IT8、IT7，表面粗糙度一般为 $R_a$1.6～$R_a$0.8。在车床上加工直径较小而精度和表面粗糙度又要求较高的孔，通常都用钻、扩、铰的方法。

在车床上钻孔如图 3-14 所示(扩孔、铰孔与钻孔相似)，工件旋转，钻头只作纵向进给，这一点与钻床上钻孔不同。

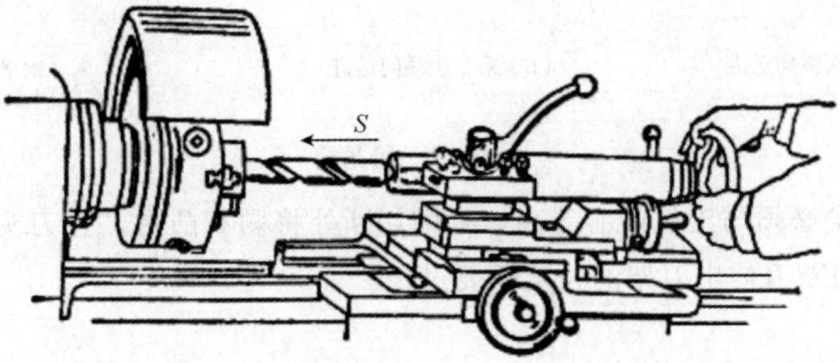


图 3-14　车床上钻孔

4)切槽与切断

(1)切槽

切槽使用切槽刀。切槽和车端面很相似。切槽刀如同右偏刀和左偏刀并在一起同时车左、右两个端面，如图 3-15 所示。

切削 5mm 以下窄槽，可以主切刃和槽等宽，一次切出。切削宽槽时可按图 3-16 所示的方法切削。末一次精车的顺序如图 3-16(c)中 1、2、3 所示。

(2)切断

切断要用切断刀。切断刀的形状与切槽刀相似，但因刀头窄而长，很容易折断。切断时应注意以下几点：

①切断一般在卡盘上进行。工件的切断处应距卡盘近些，避免在顶尖上切断，如图 3-17 所示。

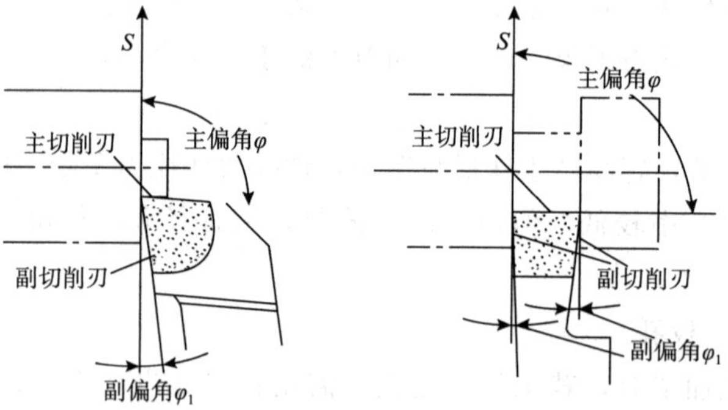


图 3-15　切槽刀与偏刀切削角度对比

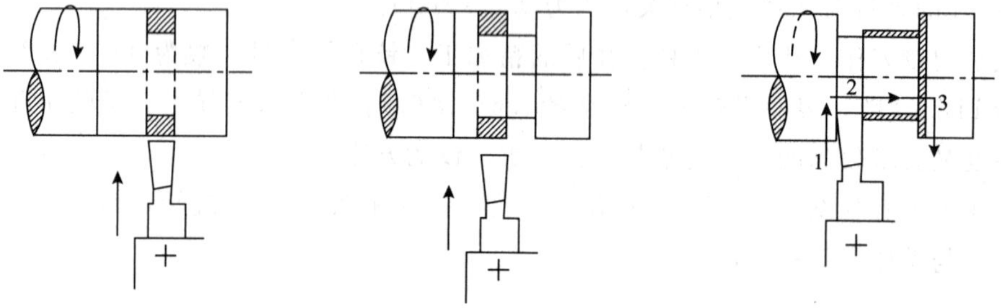


（a）第一次横向送进　（b）第二次横向送进　（c）末一次横向送进后再以纵向送进精车槽底

图 3-16　切宽槽

②切断刀刀尖必须与工件中心等高，否则切断处将剩有凸台，且刀头也容易损坏，如图 3-18 所示。切断刀伸出刀架的长度不要过长。

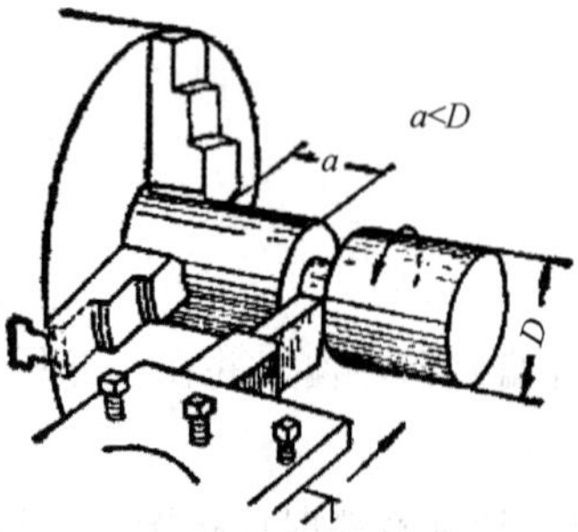


图 3-17　工件在卡盘上切断

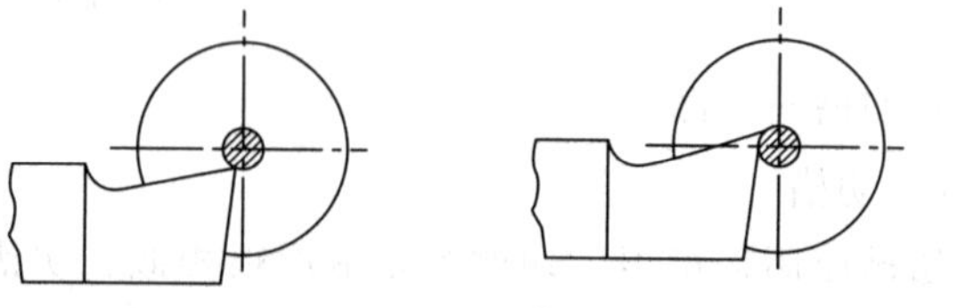

（a）切断刀安装过低，刀头易被压断　（b）切断刀安装过高，刀具后面顶住工件，不易切削

图 3-18　切断刀尖应与工件中心等高

要尽可能减小主轴以及刀架滑动部分的间隙，以免工件和车刀振动，使切削难以进行。

③用手进给一定要均匀，快切断时，须放慢进给速度，以免刀头折断。

5）车锥度

车锥度的方法有四种：小刀架转位法、锥尺加工法（也叫靠模法）、尾架偏移法和样板刀法(也叫宽刀法)。这里仅介绍小刀架转位法。

根据零件的锥角 $2\alpha$，将小刀架扳转 $\alpha$ 角，即可加工。这种方法操作简单，能保证一定的加工精度，而且还能车内锥面和锥角很大的锥面，因此应用较广。但由于受小刀架行程的限制，并且不能自动走刀，所以只能加工短的圆锥工件。

6)车成形面

有些零件如手柄、圆球等回转体的表面的素线不是直线，而是曲线，这类表面称为成形面。

7)车螺纹

在机械制造工业中，带螺纹的零件应用很广泛。例如，车床的主轴与卡盘的联接，方刀架上螺钉对刀具的紧固，丝杠与螺母的传动等等。螺纹的种类很多，有公制螺纹与英制螺纹；按牙型分有三角螺纹、梯形螺纹、方牙螺纹等，如图 3-19 所示。其中普通公制三角螺纹应用最广。

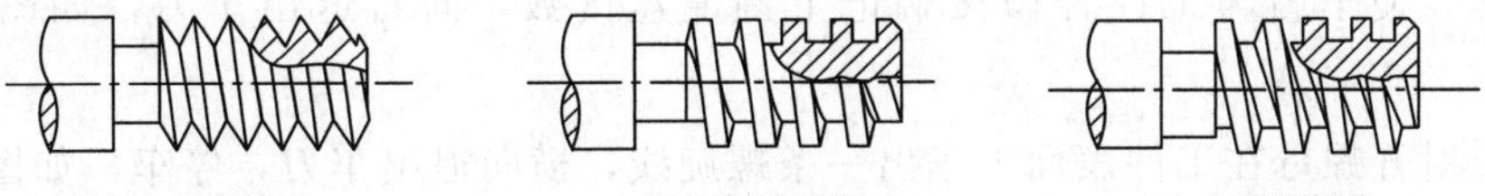

(a) 三角螺纹　(b) 方牙螺纹　(c) 梯形螺纹

图 3-19　螺纹的种类

(1)普通螺纹的各部分名称及基本尺寸

图 3-20 标注了三角螺纹各部分的名称代号。螺距用 $t$ 表示，牙形角用 $\alpha$ 表示，共它各部分名称及基本尺寸如下：螺纹外径(公称直径)$d$；螺纹中径 $d_2=d-0.65t$。

螺纹内径 $d_1=d-1.08t$；理论牙高 $H=0.866t$；工作牙高 $h=0.54t$。

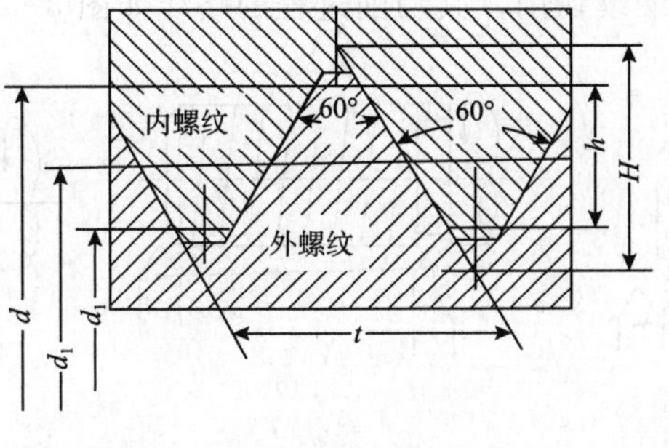


图 3-20　普通螺纹牙形尺寸

决定螺纹基本要素有三个：牙形角(也叫螺纹角)$\alpha$。螺纹角是在轴线方向剖面内，螺纹两侧面所成夹角。公制三角螺纹 $\alpha=60°$，英制螺纹 $\alpha=55°$。

螺距 $t$。轴向螺距是沿轴线方向相邻两牙对应点之间的距离。公制螺纹的螺距以 mm 为单位，英制螺纹的螺距以每英寸牙数来表示。

螺纹中径 $d_2$ 是平分螺纹理论高度 $H$ 的一个假想圆柱体的直径。在中径处螺纹牙厚与槽宽相等。只有当内外螺纹的中径都一致时，二者才能很好地配合。

车削螺纹时，必须使上述三个要素都符合要求，螺纹才是合格的。

(2)螺纹的车削加工注意事项

现以车削三角螺纹为例说明加工注意事项。

①保证正确的牙形角 $\alpha$ 车刀的刀尖角等于牙形角 $\alpha$，车刀切削部分的形状应与螺纹截面形状相吻合。为了保证这一要求，又使车刀刃磨方便，常取前角 $\gamma=0°$。粗车螺纹为了改善切削条件，可用有正前角的车刀。

②如从顶尖上取下工件度量，不能松开卡箍。在重新安装工件时要使卡箍与拨盘(或卡盘)的相对位置，保持与原来的一样。

③在切削过程中，如果换刀，则应重新对刀。“对刀”是指闭合对开螺母，移动小刀架，使车刀落入原来的螺纹槽中。由于传动系统有间隙，所以对刀须在车刀沿切削方向走一段以后，停车再进行。

(3)车削螺纹的方法步骤

以车外螺纹为例。

①开车，使车刀与工件轻微接触记下刻度盘读数，向右退出车刀，如图 3-21(a)所示。

②合上对开螺母在工件表面上车出一条螺旋线，横向退出车刀，停车，如图 3-21(b)所示。

③开反车使车刀退到工件右端，停车，用钢尺检查螺距是否正确，如图 3-21(c)所示。

④利用刻度盘调整切深，开车切削，车钢料时加机油润滑，如图 3-21(d)所示。

⑤车刀将至行程终了时应做好退刀停车准备，先快速退出车刀，然后停车，开反车退回刀架，如图 3-21(e)所示。

⑥再次横向进切深，继续切削，其切削过程的路线如图 3-21(f)所示。

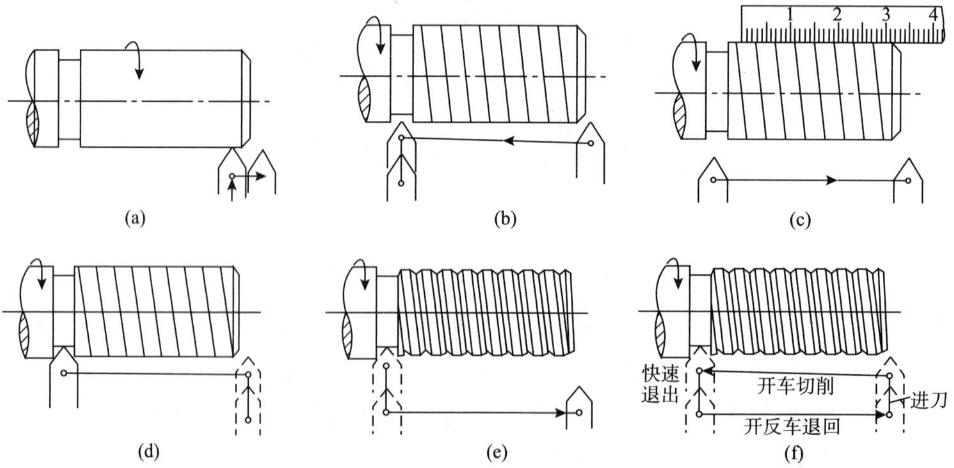


图 3-21　螺纹切削方法与步骤

车内螺纹的方法步骤与车外螺纹差不多。先车出螺纹内径 $d_1$，再车螺纹。对于公称直径较小的内螺纹，也可以在车床上用丝锥攻出。

8)滚花

各种工具和机器零件的手握部分，为了便于握持和增加美观，常常在表面上滚出各种不同的花纹。如百分尺的套管，铰杠扳手以及螺纹量规等。这些花纹一般是在车床上用滚花刀滚压而形成的，如图 3-22 所示。

花纹有直纹和网纹两种，滚花刀也分直纹滚花刀和网纹滚花刀，如图 3-23 所示。滚花是用滚花刀来挤压工件，使其表面产生塑性变形而形成花纹。

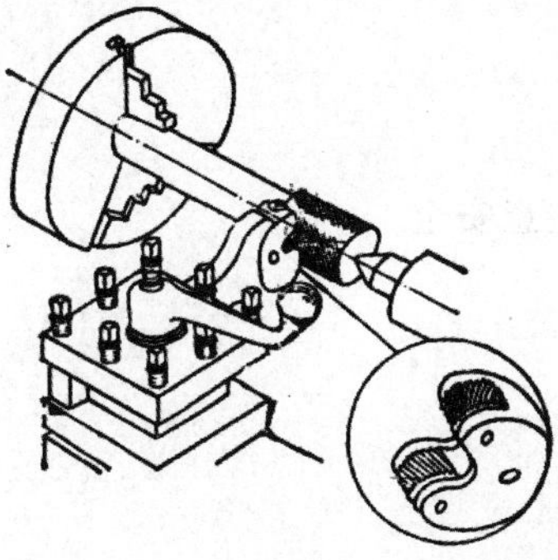

图 3-22 滚花

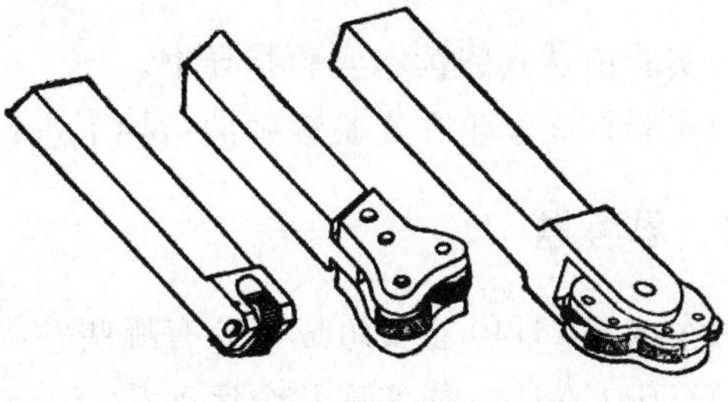

(a) 直纹滚花刀　(b)、(c) 网纹滚花刀

图 3-23 滚花刀

滚花的径向挤压力很大，因此，加工时工件的转速要低些。一般还要充分供给冷却润滑液，以免研坏滚花刀和防止细屑滞塞在滚花刀内而产生乱纹。

3. 普通车床 CA6140 加工的操作方法

以棒料车削为例，在长 100mm，外径 30mm 的棒料上车削出外径 25mm，长 50mm 的一段圆柱成品，如图 3-24 所示。加工路线如下：

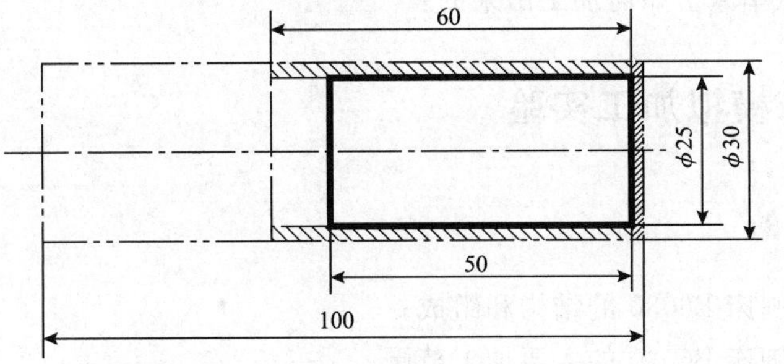


图 3-24 棒料

(1)装夹工件。用三爪夹盘装夹棒料的左端。

(2)装上外面车刀、调整主轴转速约 400r/min，开机、端面对刀。车削毛坏件右端面，厚约 0.5mm，记下轴向进给表盘刻度，退刀。

(3)外圆对刀。车削毛坏件的外圆表皮厚约 0.5mm，记下径向进给表盘刻度，退刀。

(4)粗车外圆表面。粗车外圆表面，进刀量约 1mm，车削长度 60mm，退刀。

(5)用游标卡尺测量剩余加工余量。

(6)精车外圆表面。调整主轴转速约 600r/min，精车外圆表面进刀量为剩余加工余量，车削长度 60mm，退刀。

(7)换装上切断刀，量取所需的工件长度，切断截取所需的工件长度 50mm，停机。

### 四、实验结果

以棒料车削为例，在长 100mm，外径 35mm 的棒料上车削出外径 28mm，长 50mm 的一段圆柱成品，并写下详细实验步骤。

### 五、注意事项

(1)实验前认真阅读本实验指导书。

(2)实验期间学生在实验教师的指导下进行实验，注意安全。

### 六、思考题

(1)车床 CA6140 主要组成部分有哪些？

(2)车床 CA6140 能实现几个运动？

(3)分析车床 CA6140 的传动路线。

(4)车床 CA6140 的加工范围有哪些？

(5)为什么切断刀刀尖必须与工件中心等高？

(6)车床 CA6140 的主运动和进给运动是如何调速的？

(7)分析外圆车刀的结构。

(8)车刀的常用材质有哪些？

(9)车削细长轴工件时常需要哪些辅助夹具？

(10)螺纹是在车床上如何加工出来的？

## 3.5　刨床模拟加工实验

### 一、实验目的

(1)了解牛头刨床 B6030 的结构和组成；

(2)了解牛头刨床 B6030 的主要加工范围；

(3)了解牛头刨床 B6030 加工的操作方法。

### 二、实验设备和工具

牛头刨床 B6030 模型。

### 三、实验内容及步骤

1. 牛头刨床 B6030 的结构和组成

本实验以牛头刨床 B6030 为例，介绍牛头刨床的主要结构和刨削方面的知识，以增加实践操作方面的知识储备和能力。牛头刨床是刨削类机床中应用较广的一种。它适于刨削长度不超过1000mm的中、小型零件。B6030牛头刨床结构如图3-25所示，其刀架如图3-26所示。

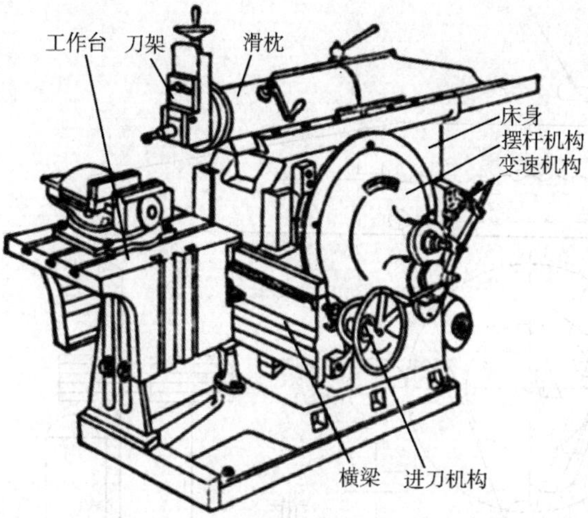


图3-25 B6030牛头刨床

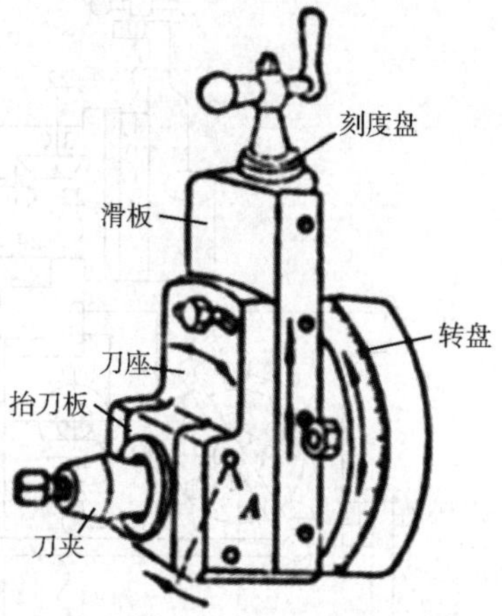


图3-26 刀架

1)牛头刨床的编号

在编号B6030中，B是“刨床”汉语拼音的第一个字母，为刨削类机床的代号；其中60代表普通的牛头刨床，30是刨削工件的最大长度的$\frac{1}{10}$，即最大刨削长度为300mm。

2)牛头刨床的组成部分

牛头刨床主要由床身、滑枕、刀架、工作台、横梁、底座等部分组成。

(1)床身。它用来支承和连接刨床的各部件。其顶面导轨供滑枕作往复运动用，侧面导轨供工作台升降用。床身的内部有传动机构。

(2)滑枕。主要用来带动刨刀作直线往复运动(即主运动)，其前端有刀架。

(3)刀架。用以夹持刨刀。摇动刀架手柄时，滑板便可沿转盘上的导轨带动刨刀作上下移动。松开转盘上的螺母，将转盘扳转一定角度后，就可使刀架斜向进给。滑板上还装有可偏转的刀座(又称刀盒、刀箱)。抬刀板可以绕刀座的4轴向上转动。刨刀安装在刀夹上，在返回行程时，可绕4轴自由上抬，减少了与工件的摩擦。

(4)工作台。是用来安装工件的，它可随横梁作上下调整，并可沿横梁作水平方向移动或进给运动。

3)牛头刨床的传动系统及机构调整

牛头刨床的传动系统、各机构的运动及调整详见图3-27～图3-29。

2. 刨削加工的基本知识

在刨床上用刨刀加工工件叫做刨削。刨床主要用来加工平面(水平面、垂直面、斜面)、槽(直槽、T形槽、V形槽、燕尾槽)及一些成形面。刨床上能加工的典型零件见图3-30。

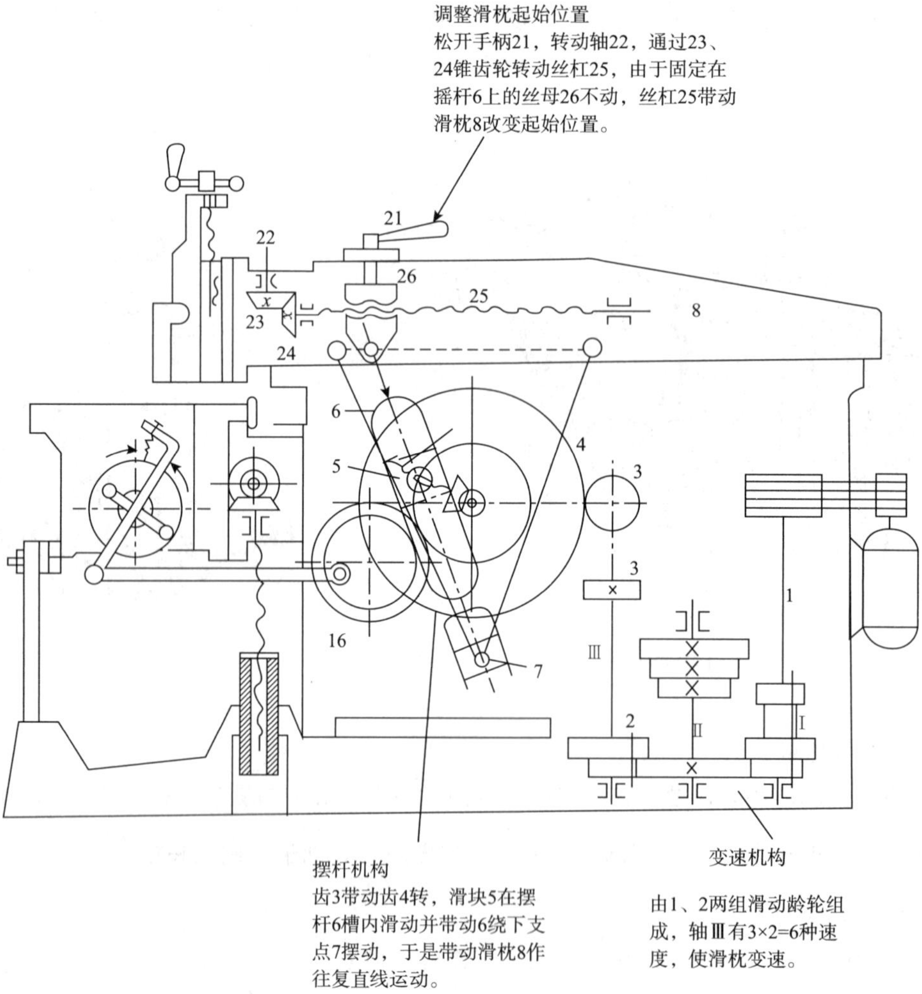


图 3-27　牛头刨床

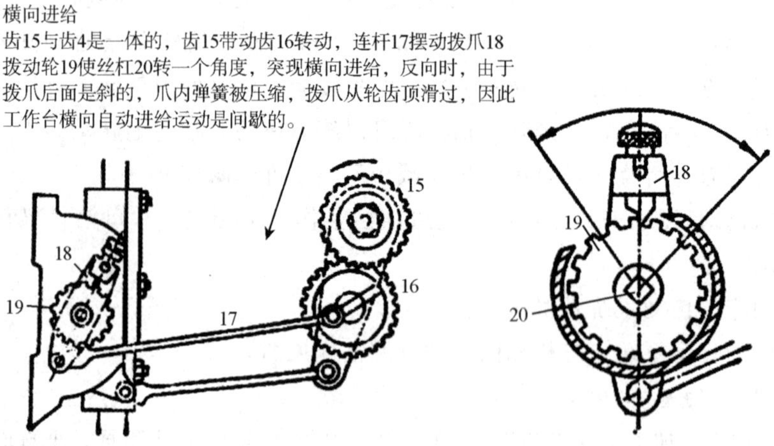


图 3-28　行程长度的调整

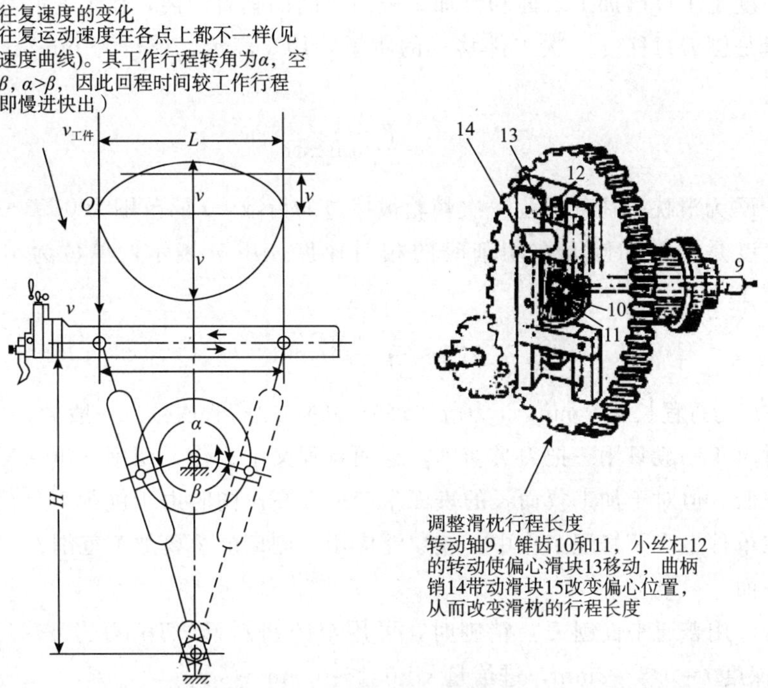


图 3-29　横向进给机构及进给量的调整

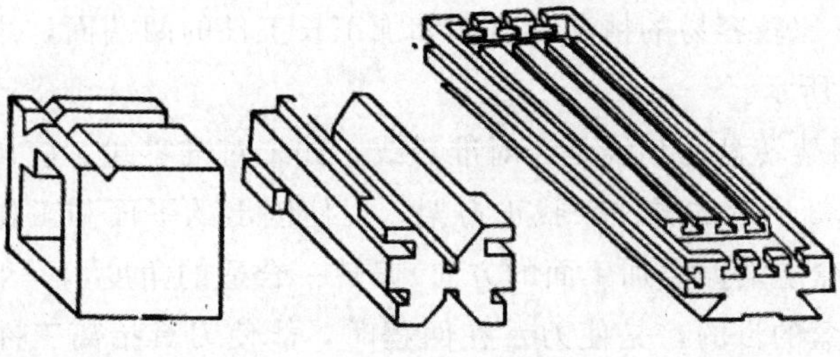

图 3-30　刨床上加工零件举例

在牛头刨床上加工水平面时，刀具的直线往复运动为主运动，工件的间歇移动为进给运动。

牛头刨床的切削用量是指切削时所采用的切削深度 $t$、进给量 $s$ 和切削速度 $v$，见图3-31。

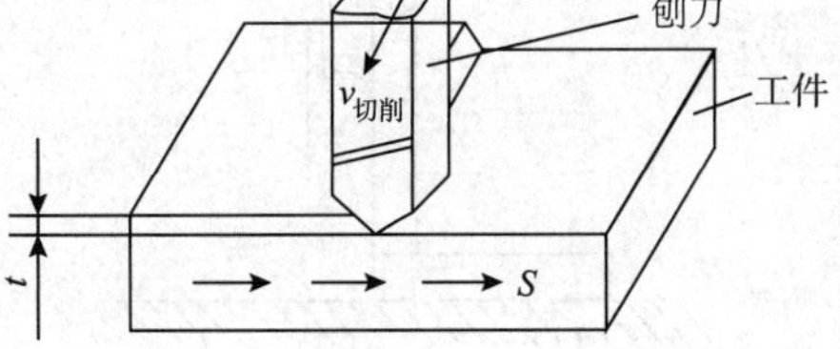


图 3-31　牛头刨床的切削用量

切削深度是工件已加工表面和待加工表面之间的垂直距离，用 $t$ 表示，单位为 mm。

进给量是刨刀每往复一次工件移动的距离，用 $s$ 表示，单位为 mm/str。它的计算公式为：

$$s=\frac{K}{3}\text{mm/str} \tag{3-14}$$

式中，$K$ 为滑枕每往复行程一次棘轮被拨过的齿数，$s$ 的范围为 0.33～3.3mm。

切削速度是工件和刨刀在切削时的相对速度，用 $v$ 表示，单位为 m/min。计算公式为：

$$v\approx\frac{2Ln}{1000}\text{m/min} \tag{3-15}$$

式中，$L$ 为行程长度，mm；$n$ 为滑枕每分钟的往复行程次数。一般 $v=17\sim50$m/min。

刨削时由于一般只用一把刀具切削，返回行程又不工作，切削速度又较低，所以刨削的生产率较低。但对于加工狭而长的表面生产率较高。同时由于刨削刀具简单，加工调整灵活，故在单件生产及修配工作中，较广泛应用。刨床的主要加工范围：

1)刨平面

粗刨时，用普通平面刨刀。精刨时，可用窄的精刨刀(切削刃为 6～15mm 半径的圆弧)，切削深度 $t=0.5\sim2$mm，进给量 $s=0.1\sim0.3$mm/str。

2)刨垂直面

刨垂直面是指刀架垂直走刀来加工平面的方法。此法用在不能用刨水平面法加工，或者用刨垂直面法加工比较容易的情况下。例如加工长工件的两端面，用刨垂直面的方法较为方便，如图 3-32 所示。

加工前，检查刀架转盘的刻线是否对准零线，如未对准零线，应调到零线。如果刻度不准确，可按图 3-33 所示的方法来找正刀架。以使刨出的平面和工作台平面垂直。刀盒须按一定方向(即刀盒上端偏离加工面的方向)偏转一合适的角度，一般为 10°～15°，如图 3-34 所示。转动刀盒的目的，是使刀舌在回程时，能使刀具抬离工件的垂直面，以减少刨刀的磨损，并避免划伤加工表面。

精刨时，为降低表面粗糙度，可在副切削刃上接近刀尖处磨出 1～2mm 的修光刃。装刀时，应使修光刃平行于加工平面。

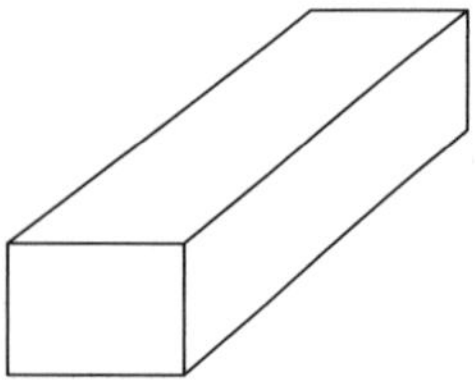

图 3-32 平行垫铁

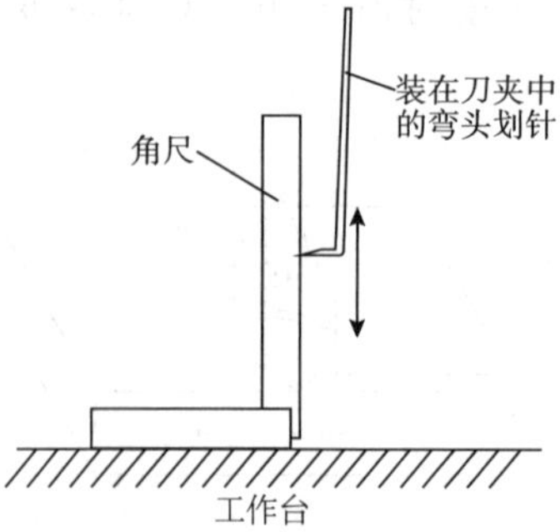


图 3-33 找正刀架垂直度的方法

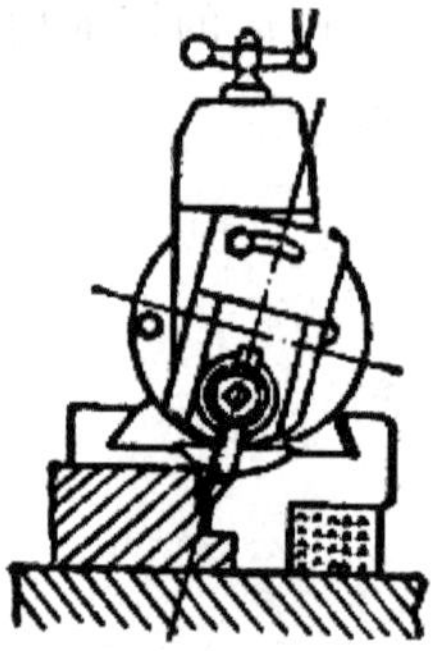

图 3-34 刀盒倾斜的方向

3)刨斜面

与水平面成倾斜的平面叫做斜面。机器零件上的斜面，可分为内斜面与外斜面两种类型。刨削斜面的方法很多，最常用的方法是正夹斜刨，亦称倾斜刀架法，如图 3-35 所示。它是把刀架和刀盒分别倾斜一定角度，从上向下倾斜进刀刨削，与刨垂直面的进刀方法相似。刀架倾斜的角度必须是工件待加工斜面与机床纵向铅垂面的夹角。刀盒倾斜的方向与刨垂直面时相同，即刀盒上端偏离被加工斜面。

4)刨 T 形槽

T 形槽常用在各种机床的工作台上。在 T 形槽中放入方头螺栓，可用来装夹工件或夹具。

刨 T 形槽前，应先刨出各关联平面，并在工件端面和上平面划出加工线，如图 3-36 所示，然后按以下步骤加工：

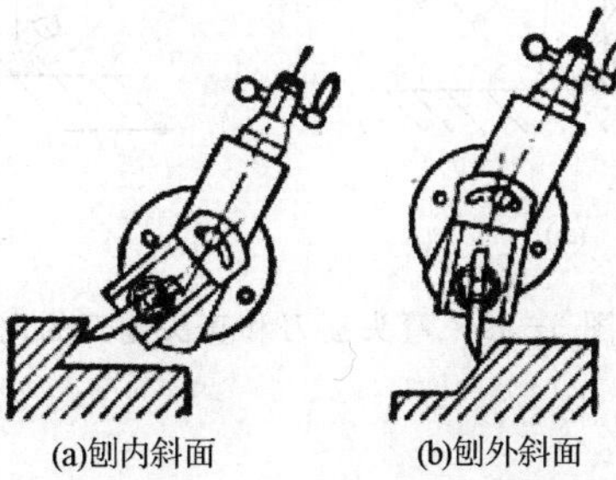


图 3-35 正夹斜刨示意图

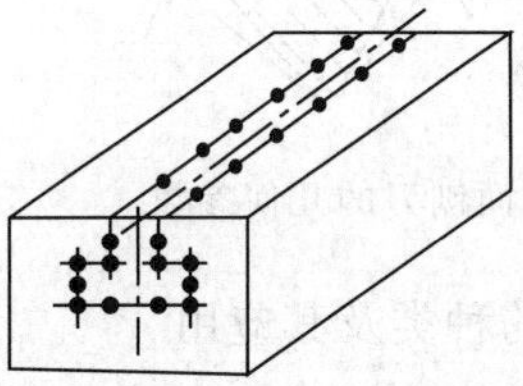

图 3-36 T 形槽工件的划线

第一步，安装工件，并正确地在纵横方向上进行找正。用切槽刀刨出直角槽，使其宽度等于 T 形槽槽口的宽度，深度等于 T 形槽的深度[图 3-37(a)]；

第二步，用弯切刀刨削一侧的凹槽[图 3-37(b)]。如果凹槽的高度较大，一刀不能刨完时，可分几次刨完，但凹槽的垂直面要用垂直走刀精刨一次，这样才能使槽壁平整；

第三步，换上方向相反的弯切刀，刨削另一侧凹槽[图 3-37(c)]；

第四步，换上 45°刨刀倒角[图 3-37(d)]。

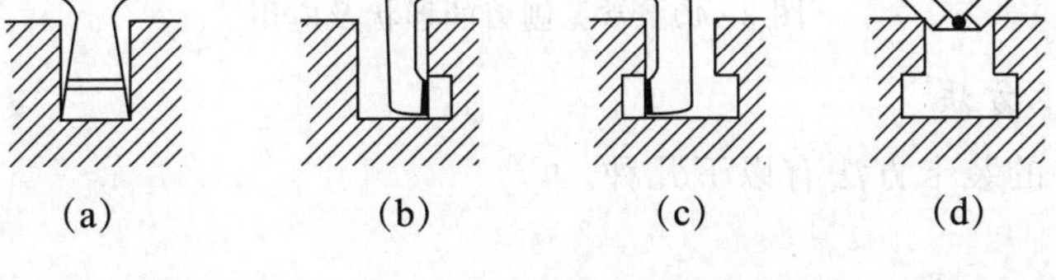


图 3-37 T 形槽的刨削程序

3. 刨刀的基本知识

1)刨刀的几何参数及其特点

刨刀的几何参数与车刀相似。但由于刨削加工的不连续性，刨刀切入工件时，受到较大的冲击力，所以一般刨刀刀杆的横截面均较车刀大 1.25～1.5 倍。图 3-38 是一种平面刨刀的几何参数，其中 $\gamma$ 为前角，$\alpha$ 为主后角，$\varphi$ 为主偏角，$\varphi_1$ 为副偏角，$\lambda$ 为刃倾角。为了增加刀尖的强度，刨刀的 $\lambda$ 角一般取正值。

刨刀往往做成弯头，这是刨刀的一个显著特点，如图 3-39(a)所示。这样是为了当刀具碰到工件表面上的硬点时，能围绕 $O$ 点转动，使刀刃离开工作表面。否则会损坏刀刃及加工表面，如图 3-39(b)所示。

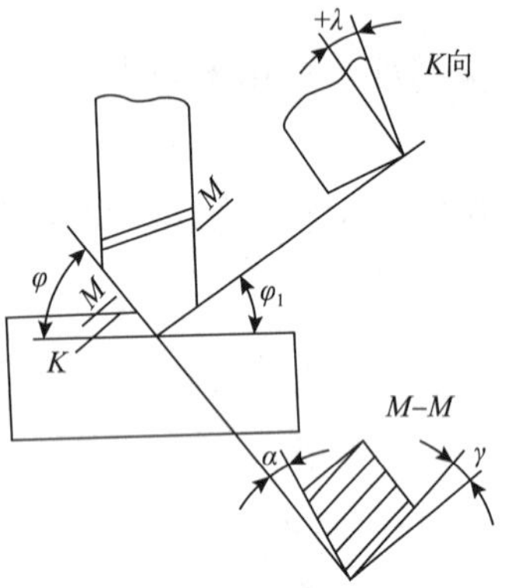


图 3-38　平面刨刀的几何参数

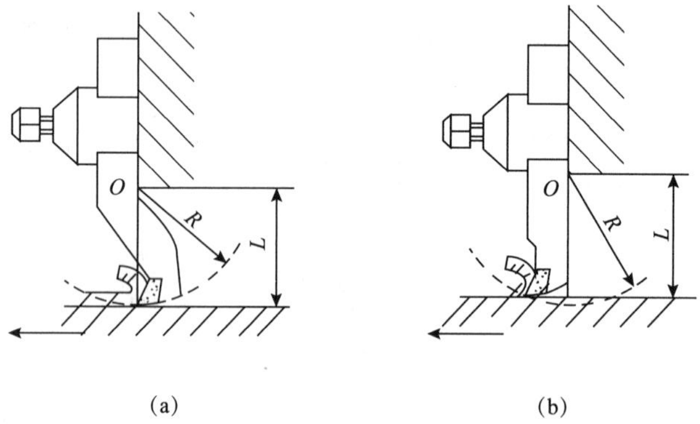


图 3-39　弯头刨刀和直头刨刀的比较

2)刨刀的种类及其应用

刨刀的种类很多，按加工形式和用途不同一般有：平面刨刀、偏刀、切刀、角度偏刀及成形刀等。平面刨刀加工水平表面；偏刀加工垂直表面或斜面；切刀加工槽或切断工件；角度偏刀加工具有相互成一定角度的表面；成形刀加工成形表面。常见刨刀形状及应用见图 3-40。

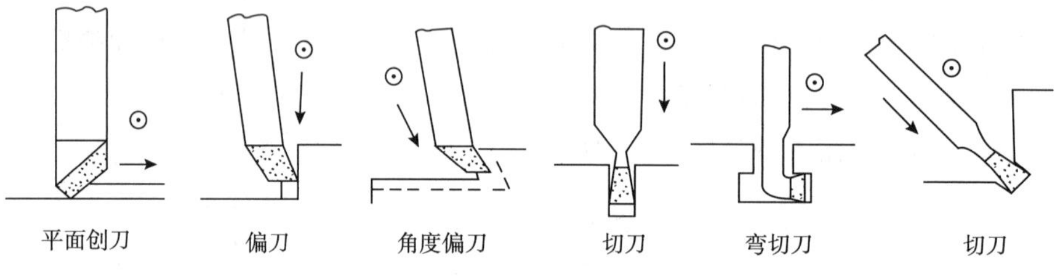


图 3-40　常见刨刀的形状及应用

4. 工件的装卡方法

在刨床上工件的装卡方法有以下几种。

1)平口钳装卡

平口钳是一种通用的装卡工具。先把平口钳钳口找正并固定在工作台上，然后装卡工件，如图 3-41 所示。

在平口钳中装卡工件的注意事项：

(1)工件的被加工面必须高出钳口，否则就要用平行垫铁垫高工件。

(2)为了能装卡得牢固，防止刨削时工件走动，必须把比较平整的平面贴紧在垫铁和钳口上。要使工件贴紧在垫铁上，应该一面夹紧，一面用手锤轻击工件的上平面。要注意的是光洁的上平面要用铜棒进行敲击，防止敲伤光洁表面。

(3)为了不使钳口损坏和保护已加工表面，往往夹紧工件时在钳口处垫上铜皮。

(4)用手挪动垫铁检查夹紧程度，如有松动，说明工件与垫铁之间贴合不好，应该松开平口钳重新夹紧。

(5)刚性不足的工件需要支实，以免夹紧力使工件变形，如图 3-42 所示。

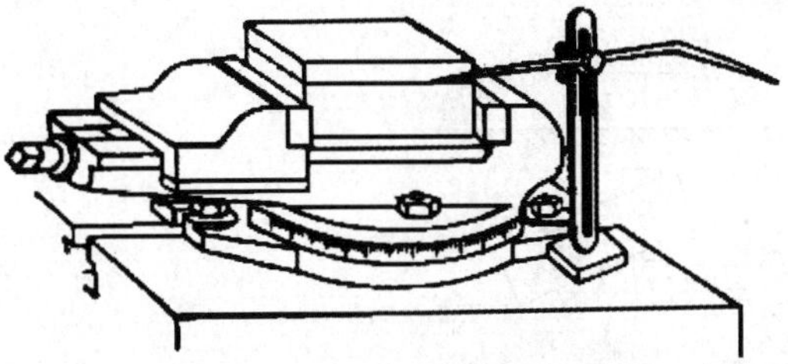

图 3-41 在平口钳中装卡工件

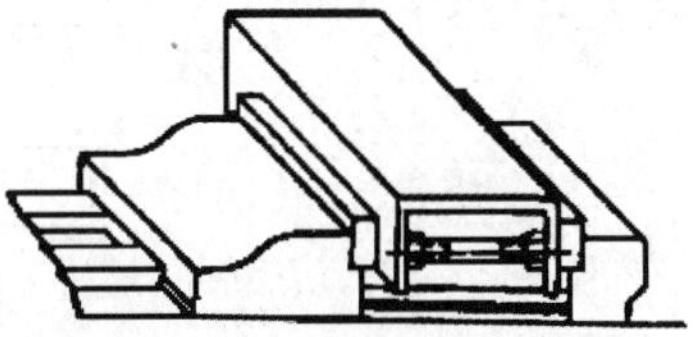

图 3-42 框形工件夹紧

2)压板、螺栓装卡

有些工件较大或形状特殊，需要用压板、螺栓和垫铁，把工件直接固定在工作台上进行刨削。装卡时先把工件找正，具体装卡方法如图 3-43 所示。

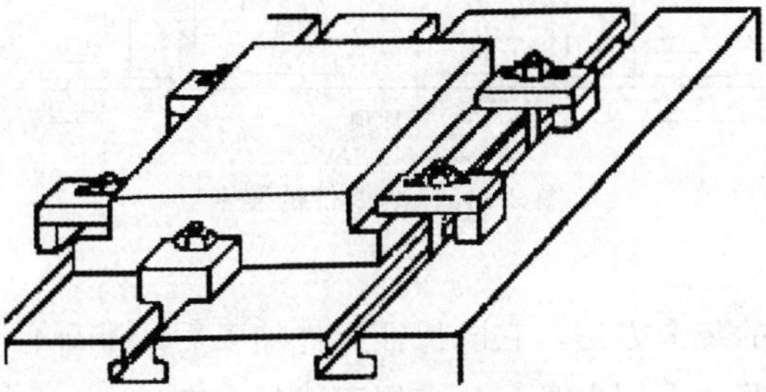

图 3-43 用压板压紧

用压板螺栓装卡工件的注意事项：

(1)压板的位置要安排得当，压点要靠近切削面，压力大小要合适。粗加工时，压紧力要大，以防止切削中工件移动；精加工时，压紧力要合适。用压板注意防止工件发生变形。各种压紧方法的正、误比较如图 3-44 所示。

(2)工件如果放在垫铁上，要检查工件与垫铁螺栓装卡工件用压板螺栓装卡工件是否贴紧，若没有贴紧，必须垫上纸或铜皮，直到贴紧为止。

(3)压板必须压在垫铁处，以免工件因受夹紧力而变形。

(4)装卡薄壁工件，在其空心位置处要用活动支承件支撑住，否则工件因受切削力而产生振动和变形。薄壁件装卡如图 3-45 所示。

(5)工件夹紧后，要用划针复查加工线是否仍然与工作台平行，避免工件在装卡过程中变形或走动。

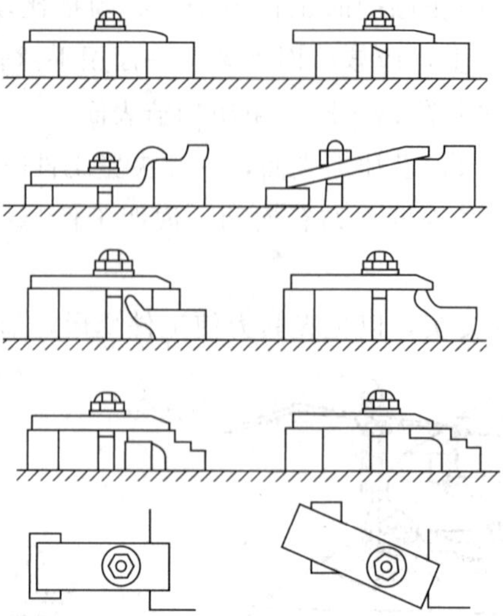


图 3-44　压板的使用

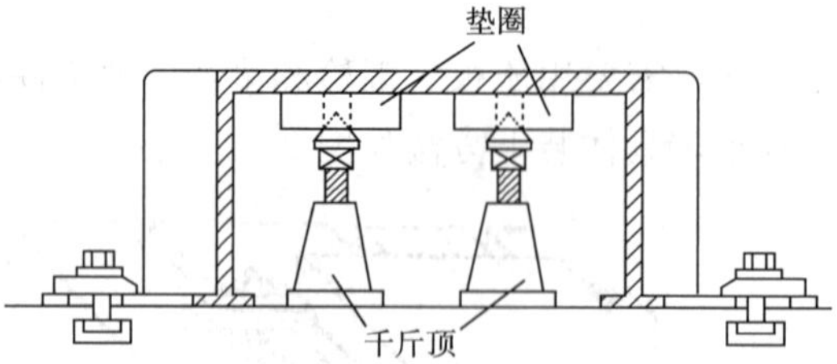


图 3-45　薄壁件的装卡

3)专用夹具装卡

这种方法是较完善的装卡方法，它既保证工件加工后的准确性，又装卡迅速，不需花费时间找正。但要预先制造专用夹具，故多用于成批生产。

5. 牛头刨床的操作方法

以长方体块状料刨削为例，对长 65mm、宽 30mm、厚 30mm 的长方体块状料，刨削上表面，使成品厚度为 25mm，如图 3-46 所示。加工路线如下：

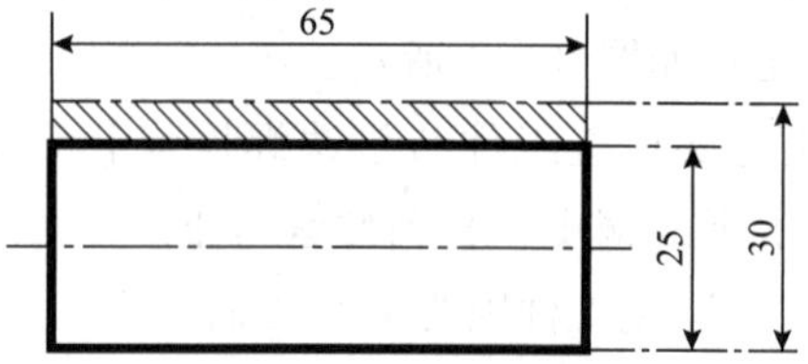


图 3-46　长方体块状料

(1)装夹工件。在工件底部垫上厚度合适的长方体形钢垫片，用平口钳夹住棒料的两端，用铜锤敲实，夹紧。

(2)装上平面刨刀、开机、调整滑枕速度到合适的速度，上表面对刀，记下刨刀竖向进给表盘刻度，退刀。

(3)调整竖向进刀量 2mm，粗刨上表面。记下竖向进刀表盘刻度，退刀。

(4)调整竖向进刀量 2mm，再次粗刨上表面。记下竖向进刀表盘刻度，退刀。

(5)取下工件，用游标卡尺测量剩余加工余量。

(6)调整竖向进刀量 2mm，再次粗刨上表面。记下竖向进刀表盘刻度，退刀。

(7)用游标卡尺测量剩余加工余量。

(8)调整竖向进刀量为剩余加工余量，精刨上表面。退刀，停机。

(9)取下工件(防止烫伤)。

### 四、实验结果

模拟操作牛头刨床 B665 常用的加工操作方法，以长方体块状料刨削为例，对长 75mm，宽 30mm，厚 40mm 的长方体块状料，刨削上表面，使成品厚度为 35mm，并写出实验步骤。

### 五、注意事项

(1)实验前认真阅读本实验指导书。

(2)实验期间学生在实验教师的指导下进行实验，注意安全。

### 六、思考题

(1)牛头刨主要由哪几部分组成?

(2)牛头刨床中曲柄摇杆机构的作用是什么?

(3)牛头刨床中棘轮机构的作用是什么?

(4)牛头刨床能实现的运动有哪些?

(5)牛头刨床的加工范围有哪些?

(6)为何刨刀的刀柄做成弯头状?

## 3.6 钻床模拟加工实验

### 一、实验目的

(1)了解台式钻床 Z512 的结构和组成;

(2)了解台式钻床的的主要加工范围;

(3)了解台式钻床 Z512 加工的操作方法。

### 二、实验设备和工具

小型台式钻床 Z512 模型。

## 三、实验内容及步骤

1. 小型台式钻床 Z512 的结构

台式钻床简称台钻，其结构如图 3-47 所示。

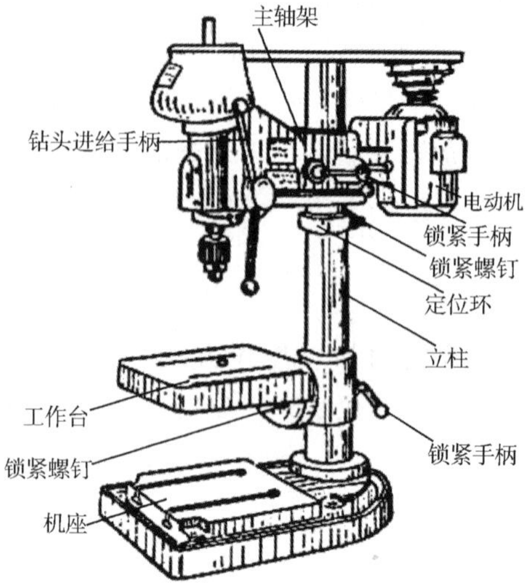


图 3-47　台式钻床

它是一种放在台桌上使用的小型钻床，其钻孔直径一般在 12mm 以下，最小可以加工小于 1mm 的孔。由于加工的孔径较小，台钻的主轴转速一般较高，最高的转速按近每分钟万转。主轴的转速可用改变三角胶带在带轮上的位置来调节。台钻主轴的进给是手动的。台钻小巧灵活，使用方便，主要用于加工小型零件上的各种小孔，在仪表制造、钳工和装配中用得最多。

2. 钻孔和麻花钻的基本知识

用钻头在实体材料上加工孔叫做钻孔。在钻床上钻孔时，工件固定不动，钻头旋转(主运动)并作轴向移动(进给运动)，如图 3-48 所示。钻孔时，由于钻头结构上存在着一些缺点(主要是刚性差)，因而影响了加工质量。钻孔加工精度一般为 IT12 左右，表面粗糙度为 $R_a$12.5 左右。

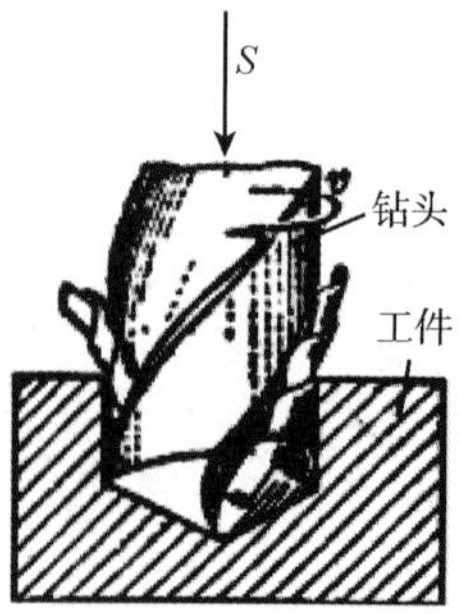


图 3-48　钻削时的运动

1)麻花钻头

钻孔用的刀具主要是麻花钻头。麻花钻的组成部分如图 3-49 所示。麻花钻的前端为切削部分(见图 3-50)，有两个对称的主切削刃，两刃之间的夹角通常为 116°～118°，称为顶角。钻头顶部有横刃，即两后面的交线，它的存在使钻削时的轴向力增加。所以大直径的钻头常采取修磨横刃的办法，缩短横刃。导向部分上有两条刃带和螺旋槽，刃带的作用是引导钻头，螺旋槽的作用是向孔外排屑。

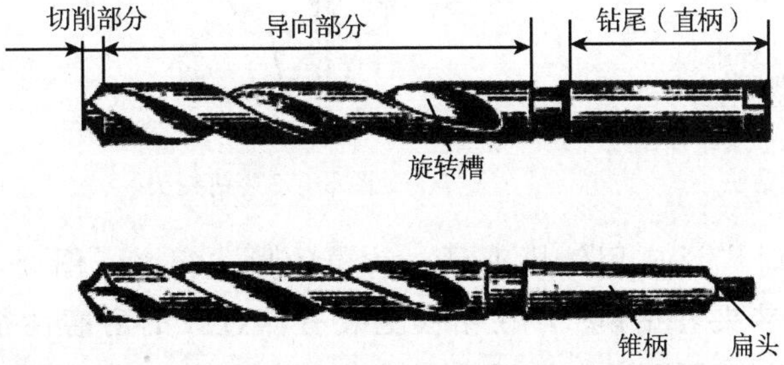


图 3-49　麻花钻的组成结构

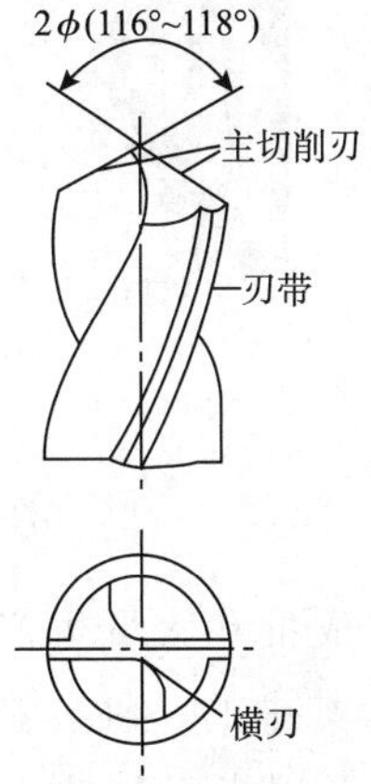


图 3-50　麻花钻前端

2)钻孔用附件

麻花钻头按尾部形状的不同，有不同的装夹方法，如图 3-51 所示。锥柄钻头可以直接装入机床主轴的锥孔内。当钻头的尾部小于机床主轴锥孔时，则需用过渡套筒，如图 3-52 所示。

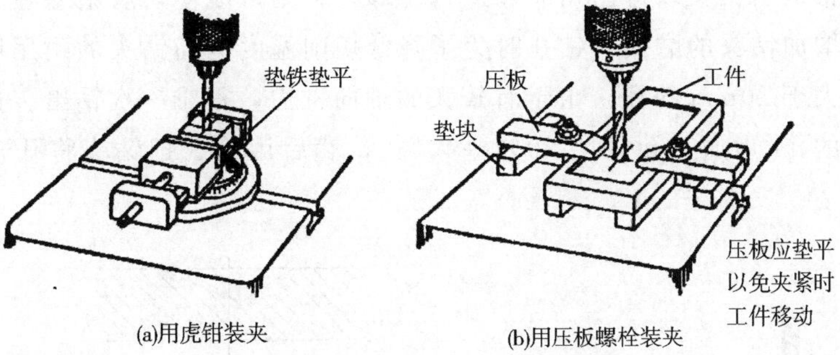


图 3-51　钻孔时工件的装卡

因为过渡套筒要和各种规格的麻花钻装夹在一起，所以套筒一般需数只。柱柄钻头通常用钻夹头装夹，如图 3-53 所示。

在立钻或台钻上钻孔时，工件通常用虎钳装夹，如图 3-51(a)所示。有时把工件直接安装在工作台上，用压板、螺栓装夹，如图 3-51(b)所示，夹紧前先按划线标志的孔位来找正。

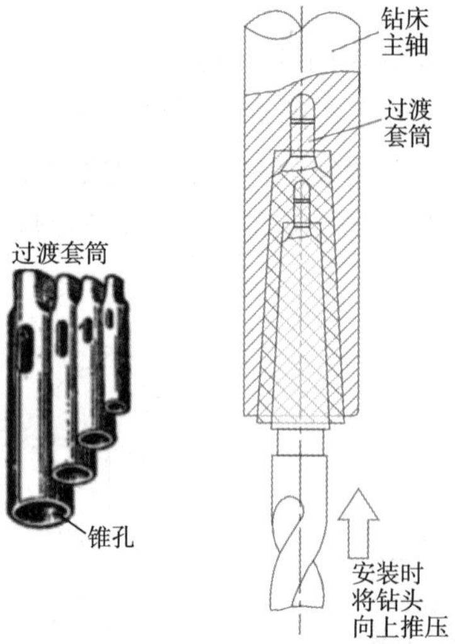


图 3-52 用过渡套筒安装钻头

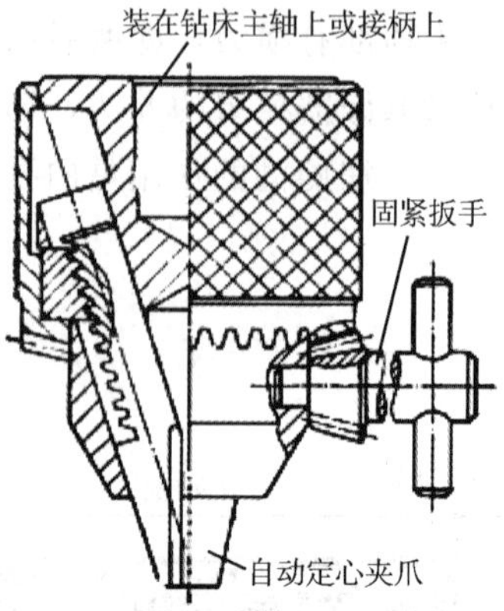


图 3-53 钻夹头

在成批和大量生产中，钻孔时广泛应用钻模夹具。钻模的形式很多，图 3-54 所示的为其中的一种。在工件 1 上装夹着钻模 2，在钻模上装有淬过火的耐磨性很高的钻套 3，用来引导钻头。钻套的位置是根据工件要求钻孔的位置而确定的。因而，应用钻模钻孔时，可以免去划线工作。用钻模钻孔的精度可提高一级，表面粗糙度也有所降低。

3)钻孔方法

按划线钻孔时，应先钻一浅坑，以判断是否对中。若偏得较多，可用样冲在应钻掉的位置上錾出几条槽，以把钻偏的中心纠正过来，如图 3-55 所示。用麻花钻头钻较深的孔时，要经常退出钻头以排出切屑和进行冷却，否则可能使切屑堵塞在孔内卡断钻头或由于过热而增加钻头的磨损。钻孔时为了降低切削温度提高钻头的耐用度，要加冷却润滑液。直径大于 30mm 的孔，由于有较大的轴向抗力，很难一次钻出。这时可先钻出一个直径较小的孔(为加工孔径的 20%～40%)，然后用第二把钻头将孔扩大到所要求的直径。

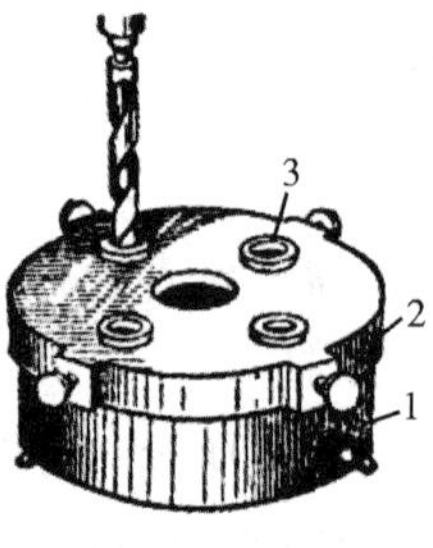


图 3-54 钻模

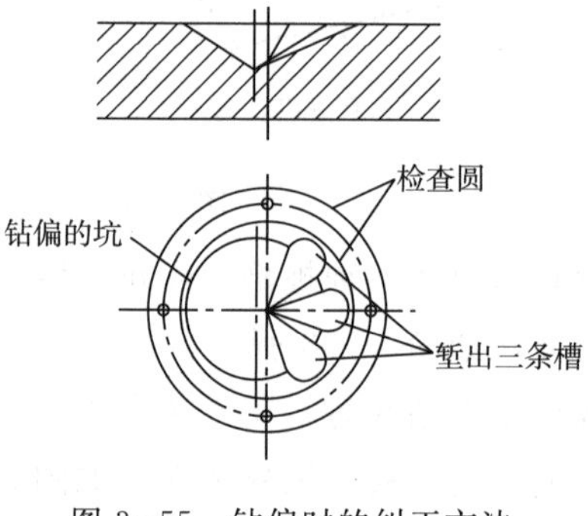


图 3-55 钻偏时的纠正方法

3. 扩孔与铰孔的基本知识

1)扩孔

扩孔用以扩大已加工出的孔(铸出、锻出或钻出的孔)。它可以校正孔的轴线偏差，并使其获得较正确的几何形状与较低的表面粗糙度。扩孔精度一般为IT10，表面粗糙度一般为 $R_a$6.3。扩孔可做为孔加工的最后工序，也可做为铰孔前的准备工序。扩孔加工余量为0.5～4mm。

扩孔钻的形状与麻花钻相似，不同的是：扩孔钻有三个至四个切削刃，且没有横刃。扩孔钻的钻心大，刚度较好。由于齿数多，刚性好，故扩孔时导向性好。扩孔钻如图3-56所示。

2)铰孔

铰孔是应用较普遍的孔的精加工方法之一，所用的刀具是机铰刀，如图3-57所示。其加工精度一般为IT9～IT7，表面粗糙度为 $R_a$3.2～$R_a$0.8。铰孔时加工余量很小(粗铰0.15～0.5mm，精铰0.05～0.25mm)。

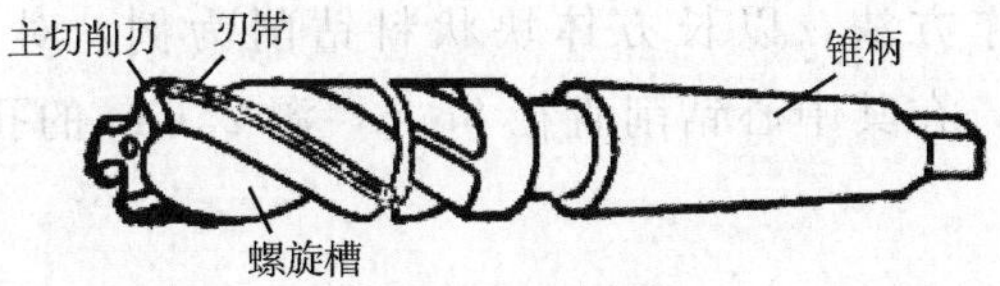


图3-56 扩孔钻

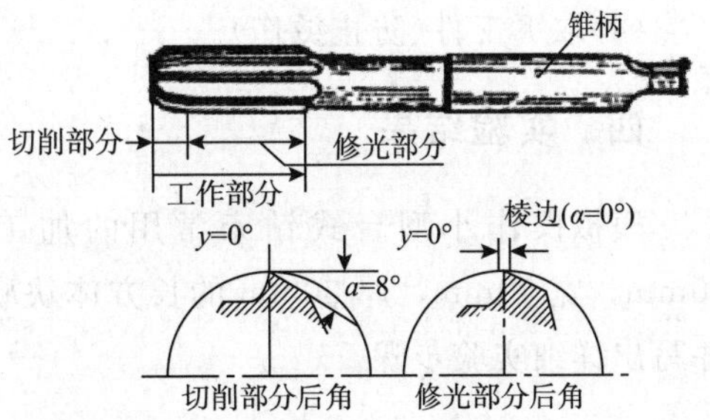


图3-57 机铰刀

机铰刀多为锥柄，装在钻床或车床上进行铰孔。

铰刀的形状类似扩孔钻，不过它有着更多的切削刃(6～12个)和较小的顶角，铰刀每个切削刃上的负荷显著地小于扩孔钻，这些因素都使铰出的孔的精度大为提高，表面粗糙度降低。

铰刀的刀刃多做成偶数，并成对地位于通过直径的平面内，目的是便于测量直径的尺寸。

机铰时为了获得较低的表面粗糙度，必须想办法避免产生积屑瘤，因此应取较低的切削速度。用高速钢铰刀铰钢件时，粗铰 $v=4\sim10$m/min，精铰 $v=1.5\sim5$m/min，进给量可取0.2～1.2mm/r(约为钻削时进给量的3～4倍)。

铰削时必须选用适当的冷却液来降低刀具和工件的温度；防止产生积屑瘤，并减少切屑细末粘附在铰刀和孔壁上，从而降低孔的表面粗糙度与减少孔的扩大量。

4. 小型台式钻床的操作方法

以长方体块状料钻削为例，对长50mm，宽500mm，厚30mm的长方体块状料，在其中心钻削直径6mm，深20mm的孔，如图3-58所示。加工路线如下：

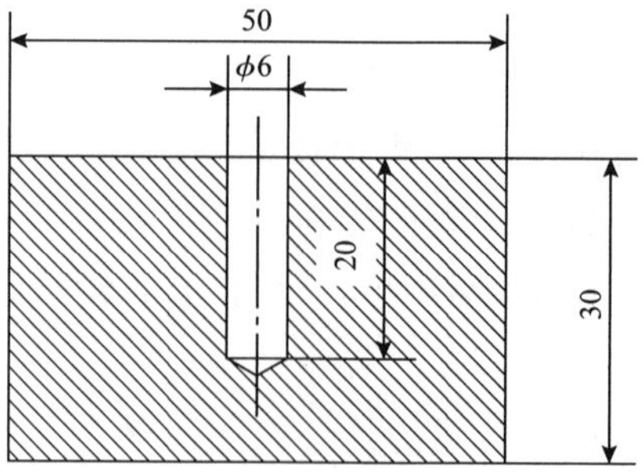


图 3-58　长方体块状料

(1)装夹工件。用虎钳或压板固定被加工件，夹紧。

(2)装上直径为 6mm 钻头、开机、工件上表面对刀，记下钻头竖向进给表盘刻度。

(3)手握进给手柄，均匀用刀，向下钻削，感受钻头所受的阻刀，或阻刀过大，放开手柄，排削，一直重复以上动作向下钻削，直到进给总深度为 20mm。放开手柄退刀，停机。

(4)取下工件(防止烫伤)。

## 四、实验结果

模拟操作小型台式钻床常用的加工操作方法，以长方体块状料钻削为例，对长 50mm，宽 50mm，厚 30mm 的长方体块状料，在其中心钻削直径 8mm，深 25mm 的孔，并写出详细实验步骤。

## 五、注意事项

(1)实验前认真阅读本实验指导书。

(2)实验期间学生要在实验教师的指导下进行实验，注意安全。

## 六、思考题

(1)常用钻床的种类及其适用于加工哪些零件?

(2)钻床的加工范围有哪些?

(3)常用钻床各能实现哪几个运动?

# 3.7　铣床模拟加工实验

## 一、实验目的

(1)了解卧式万能铣床 X6132 的结构和组成；

(2)了解卧式万能铣床 X6132 的主要加工范围；

(3)了解卧式万能铣床 X6132 加工的操作方法。

## 二、实验设备和工具

卧式万能铣床 X6132 模型。

## 三、实验内容及步骤

1. 卧式万能铣床 X6132 的组成

万能卧式铣床 X6132 是普通铣床中应用最多的一种万能升降台铣床，主轴是水平的，其结构如图 3-59 所示。编号 X6132 中，X 是“铣床”汉语拼音的第一个字母，为铣床的代号；6 代表卧式铣床；1 代表万能升降台铣床；32 是工作台宽度的 1/10，即工作台宽度为 320mm。

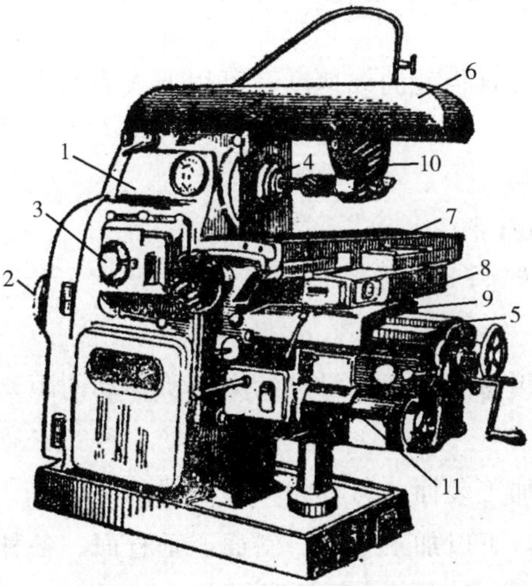


图 3-59 X6132 万能卧式铣床

床身 1 用来固定和支承铣床上所有的部件和结构。电动机 2、主轴的变速操纵机构 3、主轴 4 等安装在它的内部。横梁 6 上面可安装吊架 10，用来支承刀杆外伸的一端，以加强刀杆的刚性。横梁可沿床身的水平导轨移动，以调整其伸出的长度。主轴 4 是空心轴，前端有 7：24 的精密锥孔，其作用是安装铣刀刀杆并带动铣刀旋转。纵向工作台 7 可以在转台的导轨槽内作纵向移动，以带动台面上的工件作纵向进给。横向工作台 9 位于升降台上面的水平导轨上，可带动纵向工作台一起作横向运动。转台 8 唯一作用是能将纵向工作台在水平面内旋转一个角度(正、反最大均可转过 45°)，以便铣削螺旋槽等工作。升降台 5 可以使整个工作台沿床身的垂直导轨上下移动，以调整工作台面到铣刀的距离。

带转台的卧铣，由于其工作台除了能作纵向、横向和垂直方向移动外，尚能在水平面内左右旋转 45°。因此称为万能卧式铣床。

2. 铣削的加工范围

铣削是金属切削加工中常用方法之一。在一般情况下，它的切削运动是刀具作快速的旋转运动，即主运动。工件作缓慢的直线运动，即进给运动，如图 3-60 所示。主要铣削要素为：

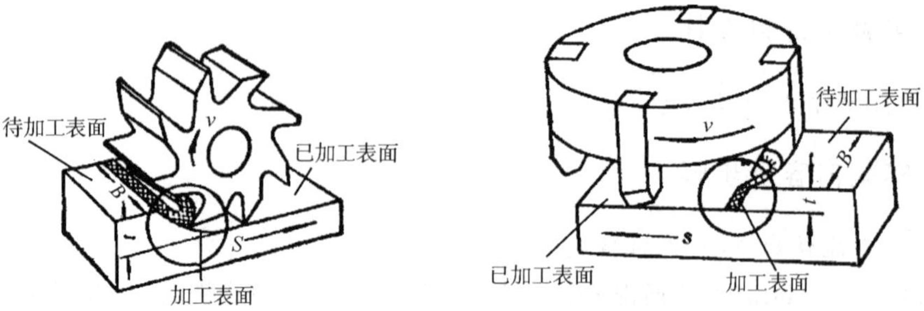

(a)卧铣上　　(b)立铣上

图 3-60　铣削运动及铣削要素

1)铣削速度 $v$

铣削速度即为铣刀最大直径处的线速度，可用下式表示：

$$v=\frac{\pi Dn}{1000}(\text{m/min}) \tag{3-16}$$

式中　$D$——铣刀半径/mm；

$n$——铣刀每分钟转速，r/min。

2)进给量 $s$

铣削进给量的大小，用每分钟工件沿进给方向所移动的距离(mm/min)来表示。

3)铣削深度 $t$

铣削深度是垂直于已加工表面，刀具切入金属层的深度。

铣床的加工范围很广，可以加工平面、斜面、垂直面、各种沟槽和成形面，也可以进行分度工作，如图 3-61 所示。有时孔的钻、镗加工，也可在铣床上进行。另外，在 X6132 卧式万能铣床上装上立铣头，可以完成立铣床所能完成的加工工作。

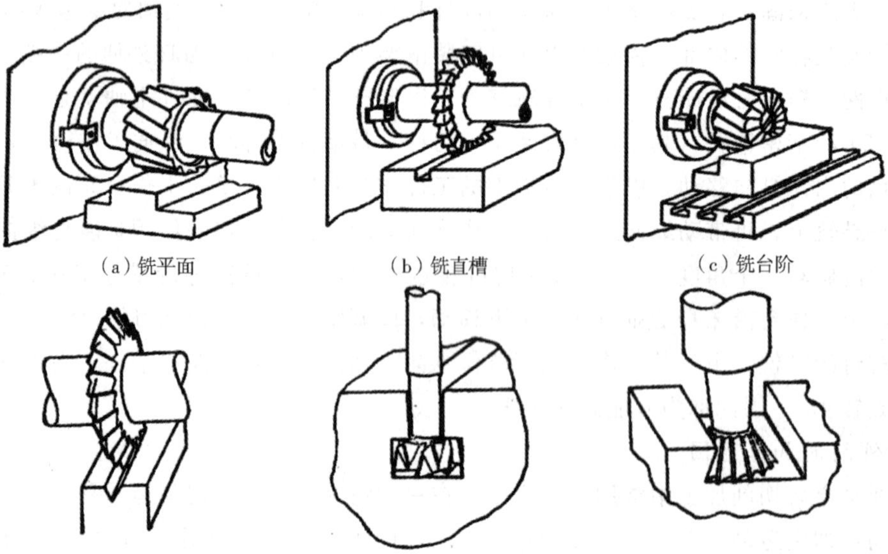
(a) 铣平面　(b) 铣直槽　(c) 铣台阶

(d) 铣V形槽　(e) 铣T形槽　(f) 铣燕尾槽

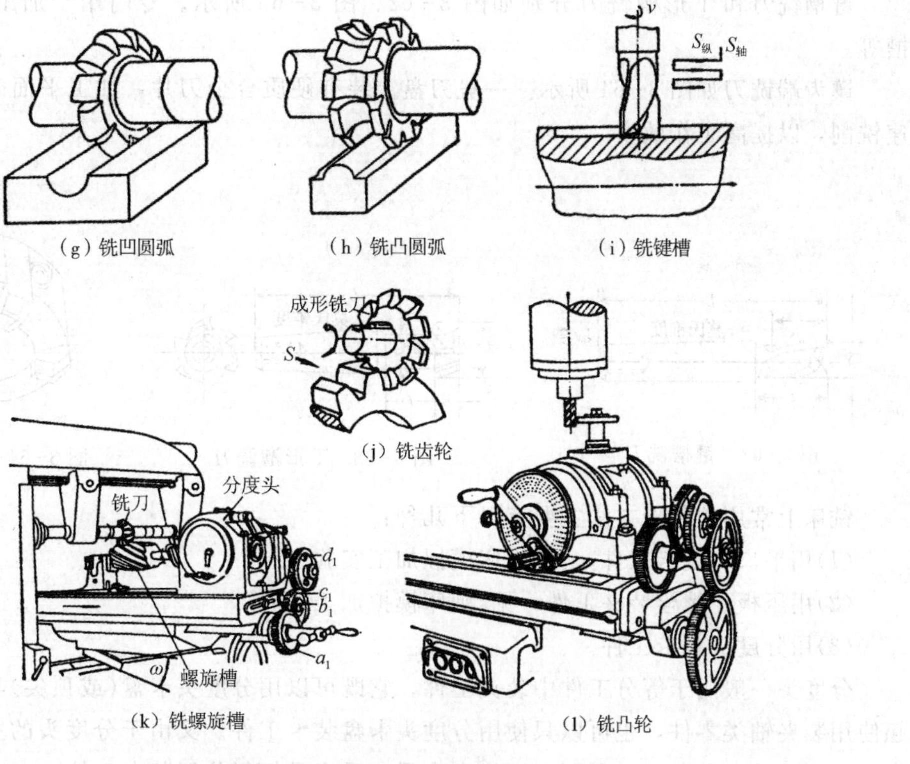


图 3-61　常见的铣削加工形式

3. 铣刀种类及常用的工件装夹方法

铣刀是一种多刃刀具。在铣削时，铣刀每个刀刃不像车刀和钻头连续地进行切削，而是每转中只参加一次切削，其余大部分时间处于停歇状态，因此有利于散热。加上铣刀在切削过程中是多刃进行切削，因此生产率较高。

铣刀的分类方法很多，这里仅根据铣刀装卡方法的不同分为两大类，即带孔铣刀和带柄铣刀。带孔铣刀多用在卧式铣床上，带柄铣刀多用在立式铣床上。带柄铣刀又分为直柄铣刀和锥柄铣刀。

常用的带孔铣刀有圆柱铣刀、圆盘铣刀、角度铣刀、成形铣刀等。

如图 3-61(a)所示的圆柱铣刀，主要用其周刃铣削平面。

如图 3-61(b)所示的三面刃盘铣刀，主要用于加工不同宽度的沟槽及小平面、台阶面等。

如图 3-61(d)、(f)所示的角度铣刀，它具有各种不同的角度，以用于加工各种角度的沟槽及斜面等。

如图 3-61(g)、(h)、(j)所示的成形铣刀，其切刃呈凸圆弧、凹圆弧、齿槽形等。用于加工与切刃形状对应的成形面。

常用带柄铣刀有立铣刀、键槽铣刀、T 形槽铣刀和镶齿端铣刀等。

立铣刀有直柄和锥柄两种，多用于加工沟槽、小平面、台阶面等。

键槽铣刀和T形槽铣刀分别如图3-62、图3-63所示。专门用于加工键槽和T形槽等。

镶齿端铣刀如图3-64所示。一般刀盘上装有硬质合金刀片，加工平面时可以进行高速铣削，以提高工作效率。

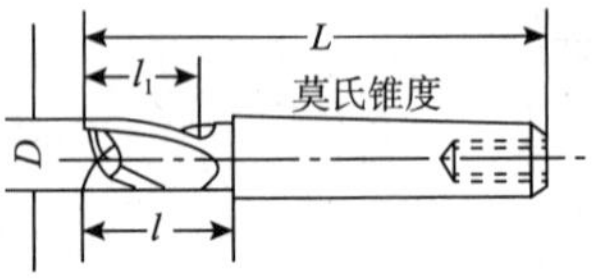


图3-62　键槽铣刀

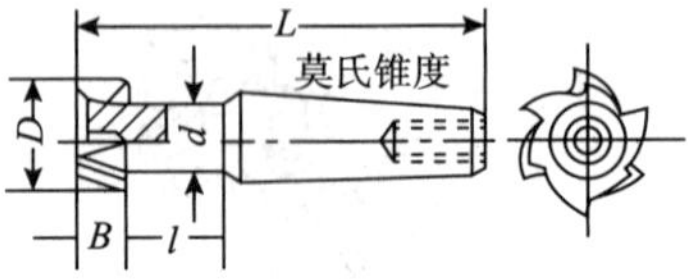


图3-63　T形槽铣刀

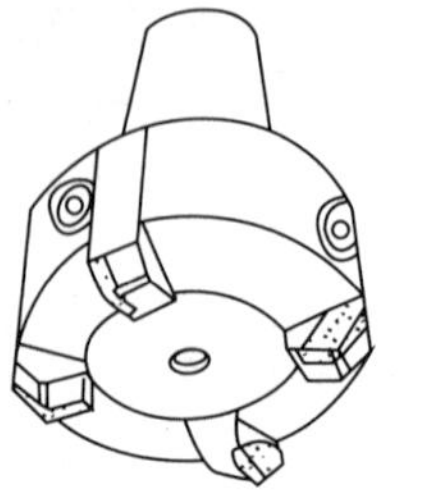

图3-64　镶齿端铣刀

铣床上常用的装卡方法主要有以下几种：

(1)用平口钳装卡工件，见“刨床模拟加工实验”。

(2)用压板、螺栓装夹工件，见“刨床模拟加工实验”。

(3)用分度头装卡工件。

分度头一般用于等分工件中装夹工件，它既可以用分度头卡盘(或顶尖)与尾架顶尖一起使用装夹轴类零件，也可以只使用分度头卡盘装卡工件。又由于分度头的主轴可以在垂直平面内转动，因此可以利用分度头在水平、垂直及倾斜位置装卡工件。

当零件的生产批量较大时，可采用专用夹具或组合夹具装卡工件。这样既能提高生产效率，又能保证产品质量。

4. 普通卧式万能铣床X6132加工的操作方法

以长方体块状料铣削为例，对长50mm，宽50mm，厚50mm的长方体块状料，铣削上表面，使成品厚度为45mm，如图3-65所示。加工路线如下：

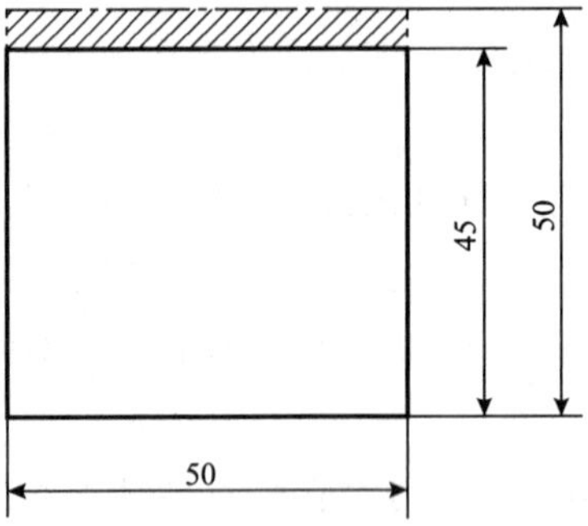


图3-65　长方体块状料

(1)装夹工件。在工件底部垫上厚度合适的垫铁，用安装在纵向工作台上的平口钳夹住工件，用铜锤敲实，夹紧。

(2)装上圆柱铣刀，选择合适的主运动速度和进给速度，开机。工件上表面对刀，记下升降工作台(竖向)进给表盘刻度，退刀。

(3)调整竖向进刀量为3.5mm，粗铣上表面。记下升降工作台进给表盘刻度，退刀。

(4)取下工件，用游标卡尺测量剩余加工余量。

(5)调整竖向进刀量为剩余加工余量，精铣上表面。退刀，停机。

(6)取下工件(防止烫伤)。

### 四、实验结果

用铣床X6132的加工方法，对长60mm，宽60mm，厚50mm的长方体块状料，铣销上表面，使成品厚度为45mm，并写出详细实验步骤。

### 五、注意事项

(1)实验前认真阅读本实验指导书。

(2)实验期间学生在实验教师的指导下进行实验，注意安全。

### 六、思考题

(1)卧式万能铣床X6132主要由哪几部分组成?

(2)卧式万能铣床X6132有哪几个进给运动?

(3)卧式万能铣床X6132能实现哪几种加工?

(4)卧式万能铣床X6132怎样实现立铣床的加工?

(5)卧式万能铣床X6132调速之前为什么要先使主轴停止运转?

(6)卧式万能铣床X6132使用前为什么要先检察各能运动的工作台两个极端位置处的限位挡铁?

(7)铣削加工的优点和缺点分别是什么?

## 3.8 磨床模拟加工实验

### 一、实验目的

(1)了解万能外圆磨床M1432的结构和组成;

(2)了解万能外圆磨床M1432的主要加工范围;

(3)了解万能外圆磨床M1432加工的操作方法。

### 二、实验设备和工具

万能外圆磨床M1432模型。

### 三、实验内容及步骤

1. 万能外圆磨床M1432的组成

磨床的种类很多，常用的有外圆磨床、内圆磨床、平面磨床等几种，其中万能外圆磨床 M1432 是普通磨床中应用最多的一种，外圆磨床分为普通外圆磨床和万能外圆磨床。在普通外圆磨床上可以磨削工件的外圆柱面和外圆锥面；在万能外圆磨床上不仅能磨削外圆柱面和外圆锥面，而且能磨削内圆柱面、内圆锥面及端面。

下面以 M1432 万能外圆磨床为例来进行介绍。

1)外圆磨床的编号

在编号 M1432 中，M 是“磨床”汉语拼音的第一个字母，为磨床的代号；14 代表万能外圆磨床；32 是最大磨削直径的 1/10，即最大磨削直径为 320mm。

2)外圆磨床的组成

M1432A 是由床身、工作台、头架、尾架和砂轮架等部件组成，如图 3-66 所示。

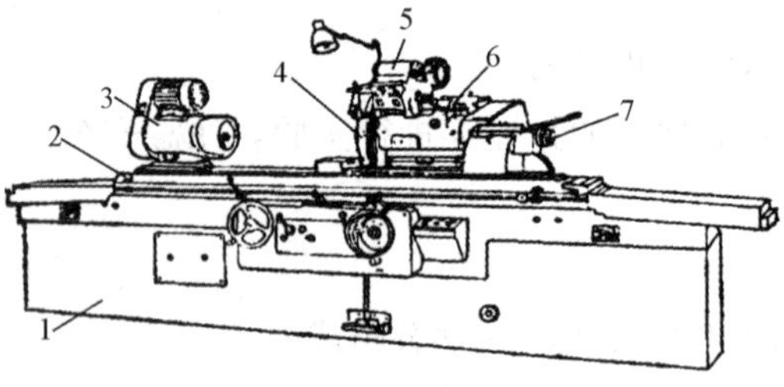


图 3-66　M1432 万能外圆磨床

1—床身；2—工作台；3—头架；4—砂轮；5—内圆磨头；6—砂轮架；7—尾架

头架上有主轴，可用顶尖或卡盘夹持工件并带动工件旋转。头架可以使工件获得不同的转速。

砂轮装在砂轮架的主轴上，由单独的电动机经三角皮带直接带动旋转。砂轮架可沿着床身后部的横向导垫前后移动，移动的方法有自动周期进给快速引进和退出、手动三种，前二种是由液压传动实现的。

工作台有两层，下工作台作纵向往复运动，上工作台相对下工作台能作一定角度的回转调整，以便磨削圆锥面。

万能外圆磨床与普通外圆磨床基本相同，所不同的是它的砂轮架上、头架上和工作台上都装有转盘，能回转一定角度，并增加了内圆磨具等附件，因此在它上面还可以磨削内圆柱面及锥度较大的内、外圆锥面。

3)外圆磨床的液压传动系统

在磨床的传动中，广泛地采用液压传动。这是因为液压传动具有可在较大范围内无级调速、机床运转平稳、操作简单方便等优点。但是它机构复杂，不易制造，所以液压设备成本较高。外圆磨床的液压传动系统比较复杂，下面只能对它作简单介绍。图 3-67 是外圆磨床部分液压传动示意图(砂轮的快速引进和退出均系液压传动，图中省略未画)。

机床液压传动系统是由油箱 20、齿轮油泵 13、换向和调节装置、油缸 19 等所组成。工作时，油从油泵 13 经管路输送到换向阀 6，由此流到油缸 19 的右端或左端，使工作台 2 向左或向右作进给运动。此时，油缸 19 另一端的油经换向阀 6、滑阀 10 及调节阀 11 流回油箱。调节 11 是用来调节工作台运动速度的。12 是安全阀，21 是回油管。

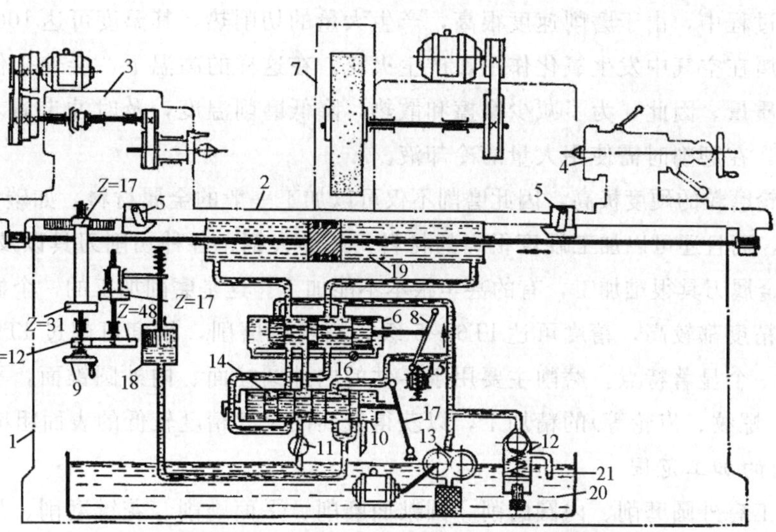


图 3-67 外圆磨床部分液压传动示意图

工作台的往复换向动作是由挡块 5 使换向阀 6 的活塞自动转换而形成的。挡块 5 固定在工作台 2 侧面的槽内，按照要求的工作台行程长度调整位置。当工作台每到行程终了时，挡块 5 先推动杠杆 8 到垂直位置，然后借助作用在杠杆 8 滚柱上的弹簧帽 15 使杠杆 8 及活塞继续向前移动，从而完成换向工作。换向阀 6 的活塞转换快慢由油阀 16 调节。活塞转换的快慢将决定工作台换向的快慢和它的平稳性。

用手向右扳动操纵滑阀 10 的杠杆 17，油腔 14 使油缸 19 的右导管和左导管接通，因此便停止了工作台的移动。此时，油筒 18 中的油在弹簧活塞压力作用下经油管流回油箱。活塞被弹簧压下后，$Z=17$ 的齿轮与 $Z=31$ 的齿轮啮合。因此，能利用手轮 9 移动工作台。

2. *磨削加工的基本知识*

磨削就是用砂轮对工件表面进行切削加工，是机器零件精密加工的主要方法之一。

磨削用的砂轮是由许多细小而且极硬的磨粒用结合剂粘接而成的。将砂轮表面放大，可以看到在砂轮表面上杂乱地布满很多尖棱形多角的颗粒一磨粒，如图 3-68 所示。这些锋利的磨粒就像铣刀的刀刃一样，磨削就是依靠这些小颗粒，在砂轮的高速旋转下，切入工件表面。所以磨削的实质是一种多刀多刃的超高速切削过程。

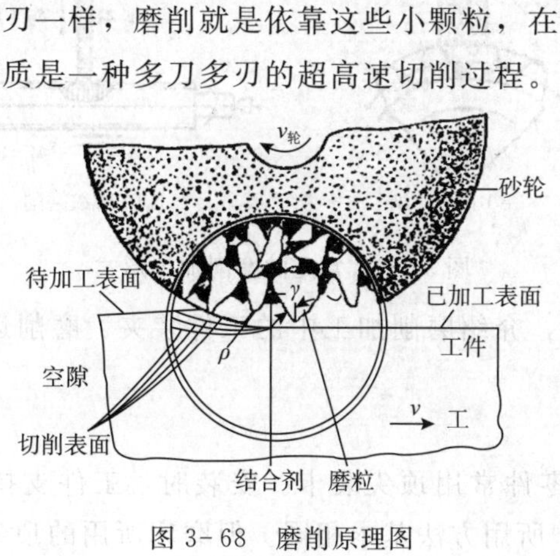


图 3-68 磨削原理图

在磨削过程中，由于磨削速度很高，产生大量的切削热，其温度可达1000℃以上。同时剧热的磨屑在空气中发生氧化作用，产生火花。在这样的高温下，会使工件材料的性能改变而影响质量。因此，为了减少摩擦和散热，降低磨削温度，及时冲走屑末，以保证工件表面质量，在磨削时需使用大量的冷却液。

由于砂轮磨粒的硬度极高，因此磨削不仅可以加工一般的金属材料，如碳钢、铸铁及一些有色金属，而且还可以加工硬度很高的材料，如淬火钢、各种切削刀具以及硬质合金等。这些材料用金属刀具很难加工，有的甚至根本不能加工。这是磨削加工的一个显著特点。

磨削的精度都较高，精度可达IT6～5级，高精度磨削，精度可超过IT5级，这是磨削加工的又一个显著特点。磨削主要用于零件的内外圆柱面、内外圆锥面，平面及成形表面(如花键、螺纹、齿轮等)的精加工，以获得较高的尺寸精度较低的表面粗糙度。

3. 磨削的加工范围

磨削加工有外圆磨削、内圆磨削、圆锥面磨削、平面磨削、花键磨削、齿轮磨削、螺纹磨削等，几种常见的磨削加工形式如图3-69所示。

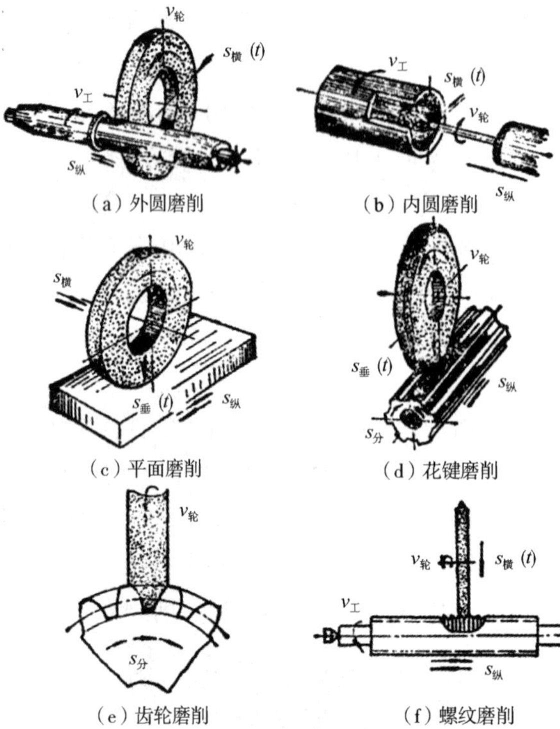


(a) 外圆磨削　(b) 内圆磨削　(c) 平面磨削　(d) 花键磨削　(e) 齿轮磨削　(f) 螺纹磨削

图3-69　常见的磨削加工形式

下面以外圆磨削为例，介绍磨削加工中的工件装夹、磨削运动、磨削用量、磨削方法等。

1)工件的装卡

(1)顶尖装卡。轴类零件常用顶尖装卡。安装时，工件支持在两顶尖之间(见图3-70)，其装卡方法与车削中所用方法基本相同。但磨床所用的顶尖都是不随工件一起转动的，这样可以提高加工精度，避免了由于顶尖转动带来的误差，尾顶尖是靠弹簧推力顶紧工件的，这样可以自动控制松紧程度。

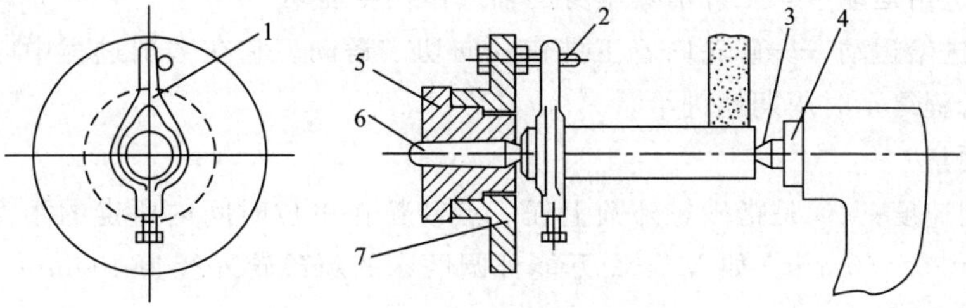


图 3-70　顶尖装卡

1—夹头；2—拨杆；3—后顶尖；4—尾架套筒；5—头架主轴；6—前顶尖；7—拨盘

磨削前，工件的中心孔均要进行修研，以提高其几何形状精度和降低表面粗糙度。修研的方法在一般情况下是用四棱硬质合金顶尖(图 3-72)在车床或钻床上进行挤研，研亮即可；当中心孔较大、修研精度较高时，必须选用油石顶尖或铸铁顶尖作前顶尖，一般顶尖做后顶尖。修研时，头架旋转，工件不旋转(用手握住)。研好一端再研另一端，见图 3-71。

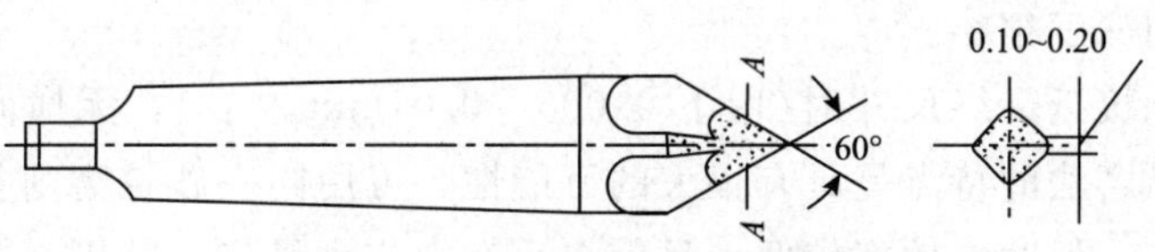


图 3-71　四棱硬质合金顶尖

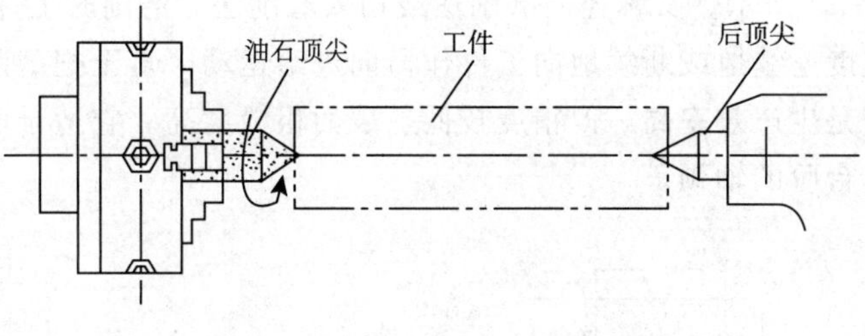


图 3-72　用油石顶尖修研中心孔

(2)卡盘装卡。卡盘有三爪卡盘、四爪卡盘和花盘三种，与车床基本相同。无中心孔的圆柱形工件大多采用三爪卡盘，不对称工件采用四爪卡盘，形状不规则的采用花盘装卡。

(3)心轴装卡。盘套类空心工件常以内孔定位磨削外圆，往往采用心轴来装卡工件。常用的心轴种类和车床类似。心轴必须和卡箍、拨盘等传动装置一起配合使用。其装卡方法与顶尖装卡相同。

2)磨削运动

在外圆磨床上磨削外圆，需要下列几种运动，如图 3-69(a)所示。

(1)主运动——砂轮高速旋转；

(2)圆周进给运动——工件以本身的轴线定位进行旋转；

(3)纵向进给运动——工件沿着本身的轴线作往复运动；

(4)横向进给运动——砂轮向着工件作径向切入运动。它在磨削过程中一般是不进给的，而是在行程终了时周期地进给。

3)磨削用量

砂轮圆周速度：$v_{轮}$ 是指砂轮外圆上任一点砂粒在单位时间内所走的距离。一般外圆磨削时，$v_{轮}=30\sim50$m/s。如 M1432 万能外圆磨床的新砂轮外径为 400mm，此时转速为 1660r/min，则此时 $v_{轮}$ 为 35m/s。

工件圆周速度 $v_{工}$：一般 $v_{工}=13\sim26$m/min。粗磨时 $v_{工}$ 取大值，精磨时 $v_{工}$ 取小值。

纵向进给量 $s_{纵}$：一般 $s_{纵}=(0.2\sim0.8)b$。$b$ 为砂轮宽度，粗磨时取大值，精磨时取小值。

横向进给量 $s_{横}$ 磨削时一般横向进给量很小。一般 $s_{横}=(0.005\sim0.05)$mm。

4)磨削方法

在外圆磨床上磨削外圆的方法常用的有纵磨法和横磨法两种，而其中又以纵磨法用得最多。纵磨法如图 3-73 所示，磨削时工件转动(圆周进给)并与工作台一起作直线往复运动(纵向进给)，当每一纵向行程或往复行程终了时，砂轮按规定的吃刀深度作一次横向进给运动，每次磨削深度很小。

当工件加工到接近最终尺寸时(留下 0.005～0.01mm 左右)，无横向进给地走几次至火花消失即可。纵磨法的特点是具有很大的万能性，可用同一砂轮磨削长度不同的各种工件，且加工质量好，但磨削效率较低。目前在生产中应用最广，特别是在单件、小批生产以及精磨时均采用这种方法。

横磨法如图 3-74 所示。又称径向磨削法或切入磨削法。磨削时工件无纵向进给运动，而砂轮以很慢的速度连续地或断续地向工件作横向进给运动，直至把磨削余量全部磨掉为止。横磨法的特点是生产效率高，但精度较低，表面粗糙度高。它适于磨削长度较短的外圆表面及两侧部有台阶的轴颈。

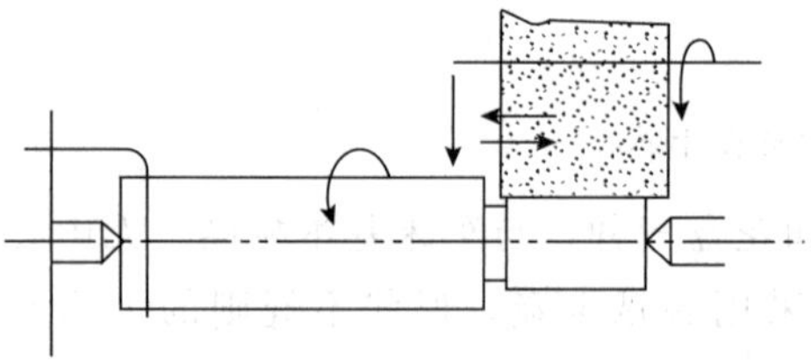

图 3-73　纵磨法磨外圆

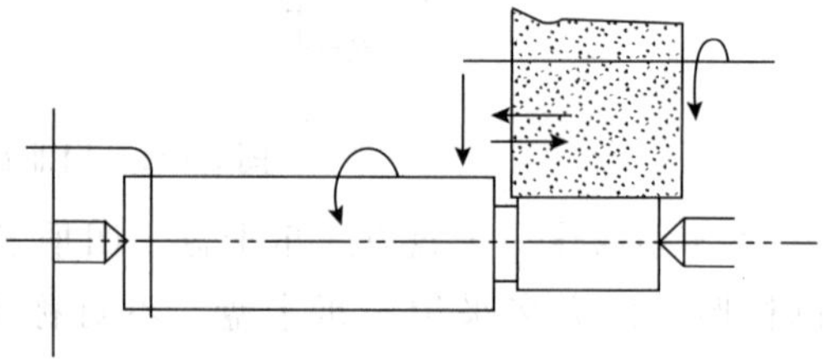

图 3-74　横磨法磨外圆

4. 磨削的刀具知识

1)砂轮的种类

砂轮是磨削的切削工具。它是由磨粒和结合剂构成的多孔物体。磨粒、结合剂和空隙是构成砂轮的三要素。

磨粒直接担负切削工作，必须锋利和坚韧。常见的磨粒有两类：刚玉类($Al_2O_2$)适用于磨削钢料及一般刀具；碳化硅类适用于磨削铸铁、青铜等脆性材料及硬质合金刀具。

磨粒的大小用粒度表示。粒度号数愈大，颗粒愈小。粗颗粒用于粗加工及磨软料，细颗粒则用于精加工。磨粒用结合剂可以黏结成各种形状和尺寸，见图3-75，以适应于不同表面形状与尺寸的加工。工厂中常用的为陶瓷结合剂。磨粒黏结愈牢，砂轮的硬度就愈高。

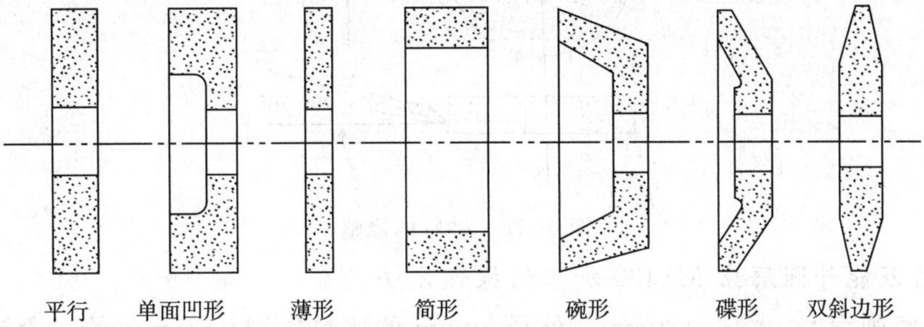

图3-75　砂轮的形状

2)砂轮的检查、安装、平衡和修整

砂轮因在高速下工作，因此安装前必须经过外观检查，不应有裂纹。安装砂轮时，要求将砂轮不松不紧地套在轴上。在砂轮和法兰盘之间垫上1～2mm厚的弹性垫板(皮革或橡胶所制)，见图3-76。

为了使砂轮平稳地工作，砂轮须经平衡，见图3-77。砂轮平衡的过程是：将砂轮装在心轴上，放在平衡架轨道的刀口上。如果不平衡，较重的部分总是转在下面。这时可移动法兰盘端面环槽内的平衡铁进行平衡，然后再进行检查。这样反复进行，直到砂轮可以在刀口上任意位置都能静止，这就说明砂轮各部重量均匀。这种方法叫做静平衡。一般直径大于125mm的砂轮都应进行静平衡。

图3-76　砂轮的安装

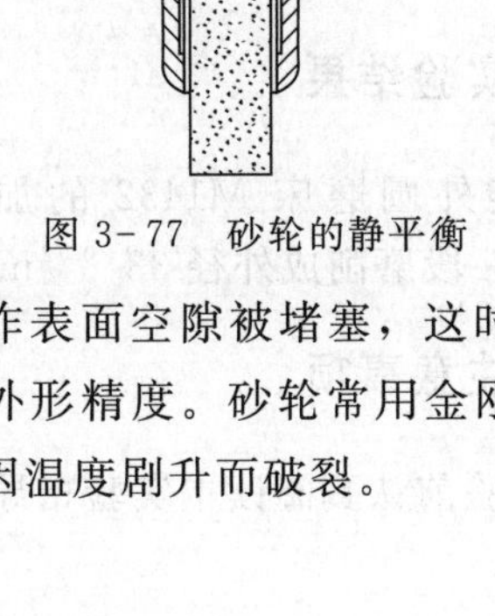

图3-77　砂轮的静平衡

砂轮工作一定时间以后，磨粒逐渐变钝，砂轮工作表面空隙被堵塞，这时须进行修整。使已磨钝的磨粒脱落，以恢复砂轮的切削能力和外形精度。砂轮常用金刚石进行修整，见图3-78。修整时要用大量冷却液，避免金刚石因温度剧升而破裂。

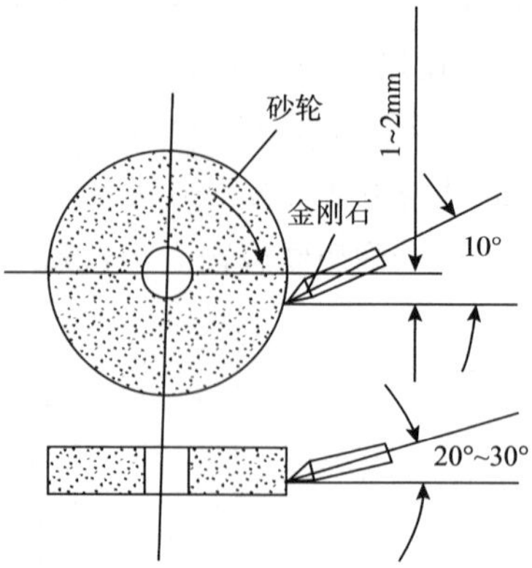


图 3-78　砂轮的修整

5. 普通万能外圆磨床 M1432 加工的操作方法

以棒料磨削为例，将长 120mm，外径 30mm 的棒料右端长 85mm 的一段轴磨削成外径 $28_{0}^{+0.1}$mm 成品，如图 3-79 所示。加工路线如下：

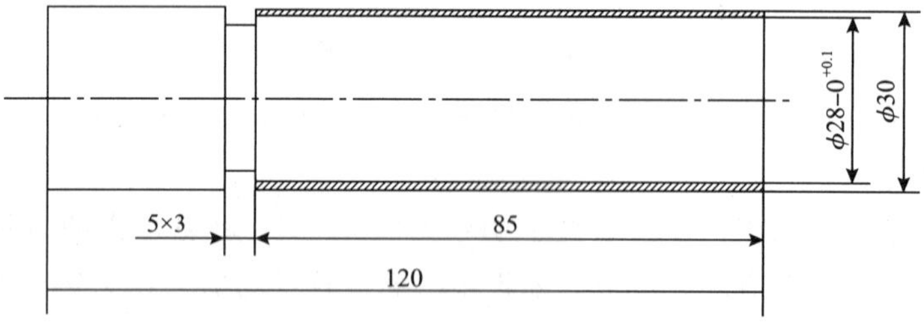


图 3-79　外圆磨削棒料(45 钢)

(1)装夹工件。用三爪夹盘和顶尖装夹棒料的两端。

(2)装上外圆磨削砂轮、调整好合适的砂轮转速、头架上主轴转速、纵向进给量、横向进给量，开机、对刀。记下相关刻度，退刀。

(3)采用纵磨法粗磨外圆表面。粗车外圆表面，横向进给量约 0.02mm，磨削长度 85mm，保留加工余量约为 0.15mm，记下相关刻度，退刀。

(4)用游标卡尺测量剩余加工余量。

(5)采用纵磨法精磨外圆表面。调整合适的主轴转速，横向进给量 0.01mm，精磨外圆表面至要求尺寸，退刀、停机。

(6)取下工件(防止烫伤)。

## 四、实验结果

用万能外圆磨床 M1432 的加工方法，将长 15mm，外径 35mm 的棒料，右端长 100mm 的一段磨削成外径 $33_{0}^{+0.12}$mm 成品，并写出详细的实验步骤。

## 五、注意事项

(1)实验前认真阅读本实验指导书。

(2)实验期间学生在实验教师的指导下进行实验，注意安全。

## 六、思考题

(1)万能外圆磨床 M1432 主要组成部分有哪些?
(2)万能外圆磨床 M1432 能实现几个运动?
(3)万能外圆磨床 M1432 的加工范围有哪些?
(4)磨削加工的优缺点有哪些?
(5)磨削加工的进给量有哪些要求?
(6)外圆磨削常用的装夹工具有哪些?
(7)磨削加工时为什么要用切削液?

# 3.9 机床夹具拆装与测量实验

## 一、实验目的

(1)掌握典型机床夹具的结构及工作原理;
(2)了解机床夹具各零件的作用和零件之间的装配关系;
(3)熟悉机床夹具的拆装顺序，会使用各装配工具和测量工具。

## 二、实验设备和工具

(1)25 台机床夹具模型。
(2)拆装和测量工具：游标卡尺、角尺、内六角扳手、台虎钳、锤子、铜棒等。

## 三、实验内容

### 1. 机床夹具类型分析

对给定机床夹具类型分析与确定。

### 2. 机床夹具各零件的分析

根据机床夹具分析各零件的名称、功用、相互配合关系。

### 3. 机床夹具的工作原理

要求分析机床夹具的工作原理，确定被夹紧零件的定位与夹紧等。

### 4. 确定拆装顺序

拆卸机床夹具之前，应先分清可拆卸和不可拆卸件，制定拆卸方案，提请指导老师审查同意后方可拆卸。对机床夹具须具体分析其结构特点，采用合适的拆卸方法和顺序。

### 5. 测绘

测量机床夹具各零件并绘制其草图。

## 四、实验步骤

1. 拆卸机床夹具

1)按拟定的顺序进行机床夹具的拆卸

要求体会拆卸联结件的用力情况，对所拆下的每一个零件进行观察，测量并作记录。记录拆下零件的位置，按一定秩序摆放好，避免在组装时出现错误或漏装零件。

2)拆卸注意事项

准确使用拆卸工具和测量工具，拆卸配合件时要分别采用拍打、压出等不同方法对待不同配合关系的零件。注意保护受力平衡，不可盲目用力敲打，严禁用铁榔头直接敲打机床夹具零件。不可拆卸的零件和不宜拆卸的零件不要拆卸，拆卸过程中注意自身安全及不损坏机床夹具各拆装工具。拆卸遇到困难时分析原因，并可请教指导老师。遵守课堂纪律，服从教师安排。

2. 测量

使用测量工具测量机床夹具各零件的尺寸。

3. 绘图

绘制机床夹具各零件的草图。

4. 组装机床夹具

1)拟定装配顺序

以先拆的零件后装、后拆的零件先装为一般原则制定装配顺序。

2)按顺序装配机床夹具

按拟定的顺序将全部机床夹具零件装回原来的位置。注意正反方向，防止漏装。其它注意事项与拆卸机床夹具相同，遇到零件受损不能进行装配时应学习用工具修复受损零件后再装配。

3)装配后的检查

观察装配后的机床夹具和拆卸前是否一致，检查是否有错装或漏装等。

## 五、实验结果

(1)将机床夹具零件明细填入表 3-2 中；

表 3-2　夹具零件明细表

| 序号 | 名称 | 数量 | 用途 |
|---|---|---|---|
| | | | |
| | | | |
| | | | |
| | | | |
| | | | |
| | | | |

(2)绘制机床夹具各零件的草图。

## 六、注意事项

(1)复习有关理论知识，认真阅读实验指导书，对实验报告所要求的内容在实验过程中作详细的记录。

(2)拆卸时要小心，不可用力过大，不要损坏机床夹具的零件。

(3)绘制机床夹具各零件的草图，并交指导教师检查。

(4)实验结束时，按清单清点工具，交指导老师验收。

## 七、思考题

(1)夹具的定位元件限制哪几个自由度?

(2)简述夹具的工作原理。

# 3.10 减速器拆装与测量实验

## 一、实验目的

(1)掌握减速器的结构及工作原理;

(2)了解减速器各零件的作用和零件之间的装配关系;

(3)熟悉减速器的拆装顺序，会使用各装配工具和测量工具。

## 二、实验设备和工具

(1)25 台减速器模型。

(2)拆装和测量工具：游标卡尺、钢尺、卡钳、呆扳手、锤子、螺丝刀等。

## 三、实验内容

1. 减速器类型分析

对给定减速器进行类型分析与确定。

2. 减速器各零件的分析

确定减速器各零件的名称、功用、相互配合关系。

3. 减速器的工作原理

要求分析减速器的工作原理，确定机械传动类型等。

4. 确定拆装顺序

拆卸减速器之前，应先分清可拆卸和不可拆卸件，制定拆卸方案，提请指导老师审查同意后方可拆卸。对减速器具体分析其结构特点，采用合适的拆卸方法和顺序。

5. 测绘

测量减速器各零件并绘制其平面草图。

## 四、实验步骤

1. 拆卸减速器

1)按拟定的顺序进行减速器的拆卸

要求体会拆卸联接件的用力情况，对所拆下的每一个零件进行观察，测量并作记录。记录拆下零件的位置，按一定秩序摆放好，避免在组装时出现错误或漏装零件。

2)拆卸注意事项

准确使用拆卸工具和测量工具，拆卸配合件时要分别采用拍打、压出等不同方法对待不同配合关系的零件。注意保护受力平衡，不可盲目用力敲打，严禁用铁榔头直接敲打减速器零件。不可拆卸的零件和不宜拆卸的零件不要拆卸，拆卸过程中特别强调注意同学们的自身安全及不损坏减速器各零件。拆卸遇到困难时分析原因，并可请教指导老师。遵守课堂纪律，服从教师安排。

2. 测量

使用测量工具测量减速器各零件的尺寸。

3. 绘图

绘制减速器各零件的草图。

4. 组装减速器

1)拟定装配顺序

以先拆的零件后装、后拆的零件先装为一般原则制定装配顺序。

2)按顺序装配减速器

按拟定的顺序将全部减速器零件装回原来的位置。注意正反方向，防止漏装。其它注意事项与拆卸减速器相同，遇到零件受损不能进行装配时应学习用工具修复受损零件后再装配。

3)装配后的检查

观察装配后的减速器和拆卸前是否一致，检查是否有错装或漏装等。

## 五、实验结果

(1)将减速器零件明细填入表 3-3 中；

**表 3-3　减速器零件明细表**

| 序号 | 名称 | 数量 | 作用 |
|---|---|---|---|
| | | | |
| | | | |
| | | | |
| | | | |
| | | | |
| | | | |

(2)绘制减速器各零件的草图。

## 六、注意事项

(1)复习有关理论知识，认真阅读实验指导书，对实验报告所要求的内容在实验过程中作详细的记录。

(2)拆卸时要小心，不可用力过大，不要损坏减速器的零件。

(3)绘制减速器各零件的草图，并交指导教师检查。

(4)实验结束时，按清单清点工具，交指导老师验收。

## 七、思考题

(1)说明减速器的工作原理。

(2)减速器包括哪些机械传动?

# 第 4 章　机电传动实验

## 4.1　与或非逻辑功能实验

### 一、实验目的

(1)熟悉 PLC 实验装置及实验箱，S7-200 系列编程控制器的外部接线方法。

(2)了解编程软件 STEP7 的编程环境、软件的使用方法。

(3)掌握与、或、非逻辑功能的编程方法。

### 二、实验设备和工具

基本指令编程练习的实验面板，如图 4-1 所示。

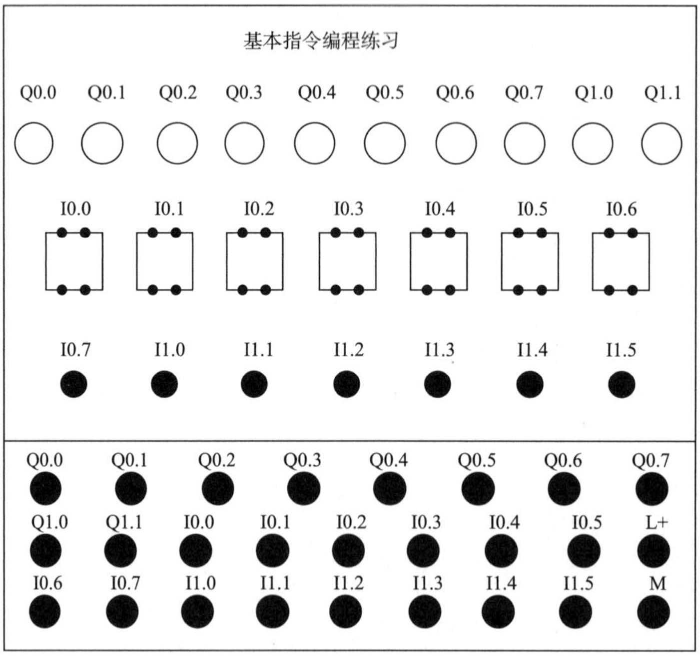


图 4-1　基本指令编程练习的控制面板

图 4-1 中下面三排接线孔，通过防转叠插锁紧线与 PLC 的主机相应的输入输出插孔相接。I0.0～I1.5 为输入点，Q0.0～Q1.1 为输出点。

图中中间两排 I0.0～I1.5 为输入按键，模拟开关量的输入。

上一排 Q0.0～Q1.1 是 LED 指示灯，接继电器输出用以模拟输出负载的通与断。

## 三、实验内容

编制梯形图并写出程序。通过程序判断 Q0.1、Q0.2、Q0.3、Q0.4 的输出状态，然后输入程序并运行，加以验证。实验参考程序如表 4-1 所示。梯形图参考图如图 4-2 所示。

**表 4-1 实验参考程序**

| 步序 | 指令 | 器件号 | 说明 | 步序 | 指令 | 器件号 | 说明 |
|---|---|---|---|---|---|---|---|
| 0 | LD | I0.1 | 输入 | 0 | LDI | I0.1 | |
| 1 | AN | I0.3 | 输入 | 1 | ANI | I0.3 | |
| 2 | = | Q0.1 | 与门输出 | 2 | = | Q0.3 | 或非门输出 |
| 0 | LD | I0.1 | | 0 | LDI | I0.1 | |
| 1 | O | I0.3 | | 1 | OI | I0.3 | |
| 2 | = | Q0.2 | 或门输出 | 2 | = | Q0.4 | 与非门输出 |

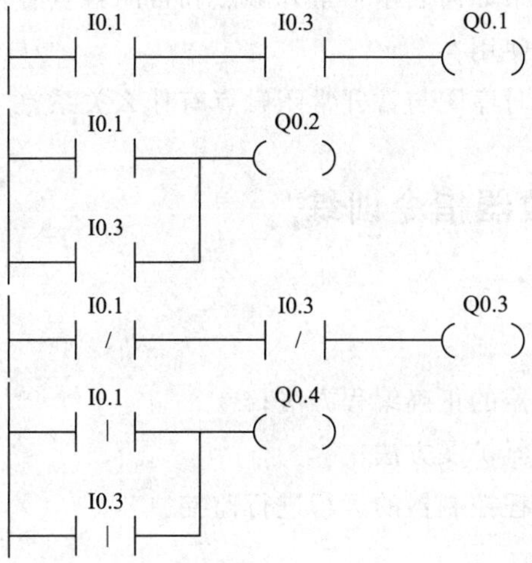


图 4-2 梯形图参考图

## 四、实验步骤

(1)梯形图中的 I0.1、I0.3 分别对应控制实验单元输入开关 I0.1、I0.3。

(2)通过专用 PC/PPI 电缆连接计算机与 PLC 主机。打开编程软件 STEP7，逐条输入程序，检查无误后，将所编程序下载到主机内，并将可编程控制器主机上的 STOP/RUN 开关拨到 RUN 位置，运行指示灯点亮，表明程序开始运行，有关的指示灯将显示运行结果。

(3)拨动输入开关 I0.1、I0.3，观察输出指示灯 . Q0.1、Q0.2、Q0.3、Q0.4 是否符合与、或、非逻辑的正确结果。

## 五、实验结果

记录运行结果，画出对应时序图。

## 六、注意事项

(1)实验前认真阅读实验指导书；
(2)输入、输出公共端子的接线方法；
(3)I/O 分配要合理正确；
(4)断电接线，接线正确后方可接电；
(5)实验完成后断电拆线；
(6)保证用电安全；
(7)爱护实验器材、实验用品，保持实验室整洁。

## 七、思考题

(1)单个触点的逻辑关系如何表示？常开触点和常闭触点有什么区别？
(2)块逻辑指令是如何使用？
(3)时序图如何绘制？时序图与常开常闭触点有什么关系？

# 4.2 定时器计数器指令训练

## 一、实验目的

(1)掌握定时器和计数器的正确编程方法；
(2)学会定时器和计数器扩展方法；
(3)用编程软件对可编程控制器的运行进行监控。

## 二、实验设备和工具

定时器、计数器及其扩展的参考程序。

## 三、实验内容及步骤

1. 定时器的认识实验

定时器的控制逻辑是经过时间继电器的延时动作，然后产生控制作用。其控制作用同一般延时继电器。实验参考程序如表 4-2 所示。参考梯形图如图 4-3 所示。

表 4-2 实验参考程序

| 步序 | 指令 | 器件号 | 说明 |
|---|---|---|---|
| 0 | LD | I0.1 | 输入 |
| 1 | = | T37 | 延时 5s |
| 2 | | K50 | |
| 3 | LD | T37 | |
| 4 | = | Q0.0 | 延时时间到，输出 |
| 5 | END | | 程序结束 |

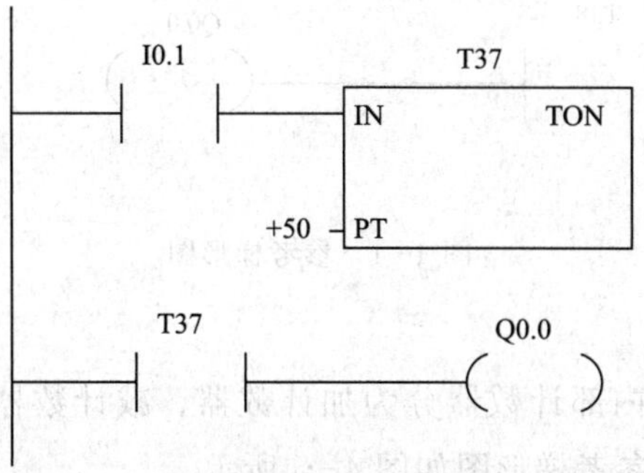


图 4-3 参考梯形图

2. 定时器扩展实验

由于 PLC 的定时器和计数器都有一定的定时范围和计数范围。如果需要的设定值超过机器范围，我们可以通过几个定时器和计数器的串联组合来扩充设定值的范围。实验参考程序如表 4-3 所示。参考梯形图如图 4-4 所示。

表 4-3 实验参考程序

| 步序 | 指令 | 器件号 | 说明 |
|---|---|---|---|
| 0 | LD | I0.1 | 输入 |
| 1 | = | T37 | 延时 5s |
| 2 | | K50 | |
| 3 | LD | T37 | |
| 4 | = | T38 | 延时 3s |
| 5 | | K30 | |
| 6 | LD | T38 | |
| 7 | = | Q0.0 | 延时时间到，输出 |
| 8 | END | | 程序结束 |

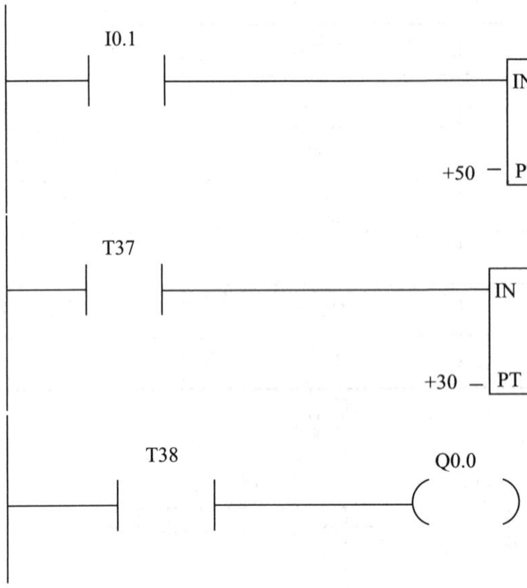


图 4-4　参考梯形图

3. 计数器认识实验

西门子 S7-200 系列的内部计数器分为加计数器、减计数器和加减计数器三种。实验参考程序如表 4-4 所示。参考梯形图如图 4-5 所示。

**表 4-4　实验参考程序**

| 步序 | 指令 | 器件号 | 说明 | 步序 | 指令 | 器件号 | 说明 |
|---|---|---|---|---|---|---|---|
| 0 | LD | I0.1 | 输入 | 7 | | 30 | 计数 30 次 |
| 1 | LD | I0.0 | 复位 | 8 | LD | I2.0 | 加计数器计数 |
| 2 | CTU | C0 | | 9 | LD | I2.1 | 减计数器计数 |
| 3 | | +20 | 开始计数 20 | 10 | LD | I2.2 | 计数器复位 |
| 4 | LDN | I0.2 | 输入 | 11 | CTUD | C48 | |
| 5 | LD | I0.1 | 计数器复位 | | | +3 | 计数器输出 |
| 6 | CTD | C1 | | | | | |

4. 计数器的扩展实验

计数器的扩展与定时器扩展的方法类似(程序略)。

## 四、实验结果

记录结果，绘制对应时序图，分析定时器与计数器的使用特点。

## 五、注意事项

(1)实验前认真阅读实验指导书；

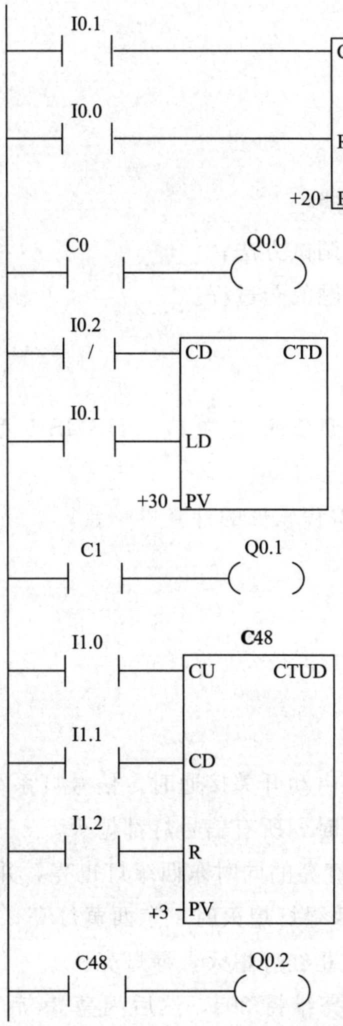


图 4-5　参考梯形图

(2)输入、输出公共端子的接线方法；

(3)I/O 分配要合理正确；

(4)断电接线，接线正确后方可接电；

(5)实验完成后断电拆线；

(6)保证用电安全；

(7)爱护实验器材、实验用品，保持实验室整洁。

## 六、思考题

(1)S7-200 中定时器有几种？计数器有几种？

(2)定时器如何扩展的？

(3)计数器如何计数？脉冲输入端的触点是常开或常闭有什么区别？

# 4.3 交通灯控制

## 一、实验目的

(1)熟练使用各基本指令和控制要求；

(2)掌握 PLC 的编程方法和程序调试方法；

(3)了解用 PLC 解决一个实际问题的全过程。

## 二、实验设备和工具

(1) THSMS-A 型、THSMS-B 型实验装置或 THSMS-1 型、THSMS-2 型实验箱一台；

(2)安装 STEP7-Micro/WIN32 编程软件的计算机一台；

(3)PC/PPI 编程电缆一根；

(4)锁紧导线若干。

## 三、实验内容及步骤

1. 控制要求

信号灯受一个启动开关控制，当启动开关接通时，信号灯系统开始工作，且先南北红灯亮，东西绿灯亮。当启动开关断开时，所有信号灯都熄灭。

南北红灯亮维持 25s，在南北红灯亮的同时东西绿灯也亮，并维持 20s。到 20s 时，东西绿灯闪亮，闪亮 3s 后熄灭。在东西绿灯熄灭时，东西黄灯亮，并维持 2s。到 2s 时，东西黄灯熄灭，东西红灯亮，同时，南北红灯熄灭，绿灯亮。

东西红灯亮维持 30s。南北绿灯亮维持 20s，然后闪亮 3s 后熄灭。同时南北黄灯亮，维持 2s 后熄灭，这时南北红灯亮，东西绿灯亮。周而复始。十字路口交通灯控制的实验面板图如图 4-6 所示。

实验面板图中，下框中的南北红(R)、黄(Y)、绿(G)灯分别接主机的输出点 Q0.2、Q0.1、Q0.0，东西红(R)、黄(Y)、绿(G)灯分别接主机的输出点 Q0.5、Q0.4、Q0.3，模拟南北向行驶车的灯接主机的输出点 Q0.6，模拟东西向行驶车的灯接主机的输出点 Q0.7；下框中的 SD 接主机的输入端 I0.0。上框中的东西南北三组红绿黄三色发光二极管模拟十字路口的交通灯。

2. 编制梯形图并写出实验程序

实验参考程序如表 4-5 所示。

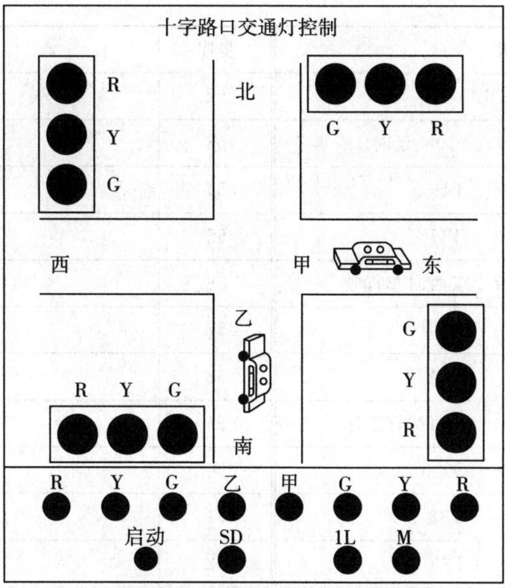


图 4-6 十字路口交通灯控制面板

**表 4-5 实验参考程序**

| 步序 | 指 令 | 步序 | 指 令 |
|---|---|---|---|
| 0 | LD I0.0 启动 | 18 | LD T39 |
| 1 | AN T41 | 19 | TON T40，+20 南北黄灯 2s |
| 2 | TON T37，+250 南北红灯 25s | 20 | LDN T37 |
| 3 | LD T37 | 21 | A I0.0 |
| 4 | TON T41，+300 东西红灯 30s | 22 | = Q0.2 南北红灯工作 |
| 5 | LD I0.0 | 23 | LD T37 |
| 6 | AN T37 | 24 | = Q0.5 东西红灯工作 |
| 7 | TON T43，+200 东西绿灯 20s | 25 | LD Q0.2 |
| 8 | LD T43 | 26 | AN T43 |
| 9 | TON T47，+220 东西方向车 22s | 27 | LD T43 |
| 10 | TON T44，+30 东西红灯闪烁 | 28 | AN T44 |
| 11 | LD T44 | 29 | A T59 |
| 12 | TON T42，+20 东西黄灯 2s | 30 | OLD |
| 13 | LD T37 | 31 | = Q0.3 东西绿灯工作 |
| 14 | TON T38，+250 南北绿灯 25s | 32 | LD Q0.2 |
| 15 | LD T38 | 33 | AN T42 |
| 16 | TON T48，+270 南北响彻 27s | 34 | LD T42 |
| 17 | TON T39，+30 南北绿灯闪烁 | 35 | AN T43 |

续表

| 步序 | 指　令 | 步序 | 指　令 |
|---|---|---|---|
| 36 | OLD | 52 | AN　T38 |
| 37 | TON　T49，+10　延时 1s | 53 | LD　T38 |
| 38 | LD　T49 | 54 | AN　T39 |
| 39 | AN　T47 | 55 | OLD |
| 40 | =　Q0.7　东西向车行驶 | 56 | TON　T50，+10 |
| 41 | LD　T44 | 57 | LD　T50 |
| 42 | AN　T52 | 58 | AN　T48 |
| 43 | =　Q0.4　东西黄灯工作 | 59 | =　Q0.6　南北向车行驶 |
| 44 | LD　Q0.5 | 60 | LD　T39 |
| 45 | AN　T38 | 61 | AN　T40 |
| 46 | LD　T38 | 62 | =　Q0.1　南北黄灯工作 |
| 47 | AN　T39 | 63 | LD　10.0 |
| 48 | A　T59 | 64 | AN　T60 |
| 49 | OLD | 65 | TON　T59，+5 |
| 50 | =　Q0.0　南北绿灯工作 | 66 | LD　T59 |
| 51 | LD　Q0.5 | 67 | TON　T60，+5 |

3. 工作过程

当启动开关 SD 合上时，10.0 触点接通，Q0.2 得电，南北红灯亮；同时 Q0.2 的动合触点闭合，Q0.3 线圈得电，东西绿灯亮。1s 后，T49 的动合触点闭合，Q0.7 线圈得电，模拟东西向行驶车的灯亮。维持到 20s，T43 的动合触点接通，与该触点串联的 T59 动合触点每隔 0.5s 导通 0.5s，从而使东西绿灯闪烁。又过 3s，T44 的动断触点断开，Q0.3 线圈失电，东西绿灯灭；此时 T44 的动合触点闭合、T47 的动断触点断开，Q0.4 线圈得电，东西黄灯亮，Q0.7 线圈失电，模拟东西向行驶车的灯灭。再过 2s 后，T42 的动断触点断开，Q0.4 线圈失电，东西黄灯灭；此时起动累计时间达 25s，T37 的动断触点断开，Q0.2 线圈失电，南北红灯灭，T37 的动合触点闭合，Q0.5 线圈得电，东西红灯亮，Q0.5 的动合触点闭合，Q0.0 线圈得电，南北绿灯亮。1s 后，T50 的动合触点闭合，Q0.6 线圈得电，模拟南北向行驶车的灯亮。又经过 25s，即启动累计时间为 50s 时，T38 动合触点闭合，与该触点串联的 T59 的触点每隔 0.5s 导通 0.5s，从而使南北绿灯闪烁；闪烁 3s，T39 动断触点断开，Q0.0 线圈失电，南北绿灯灭；此时 T39 的动合触点闭合、T48 的动断触点断开，Q0.1 线圈得电，南北黄灯亮，Q0.6 线圈失电，模拟南北向行驶车的灯灭。维持 2s 后，T40 动断触点断开，Q0.1 线圈失电，南北黄灯灭。这时起动累计时间达 5s，T41 的动断触点断开，T37 复位，Q0.3 线圈失电，即维持了 30s 的东西红灯灭。

上述是一个工作过程，然后再周而复始地进行。参考梯形图如图 4-7 所示。

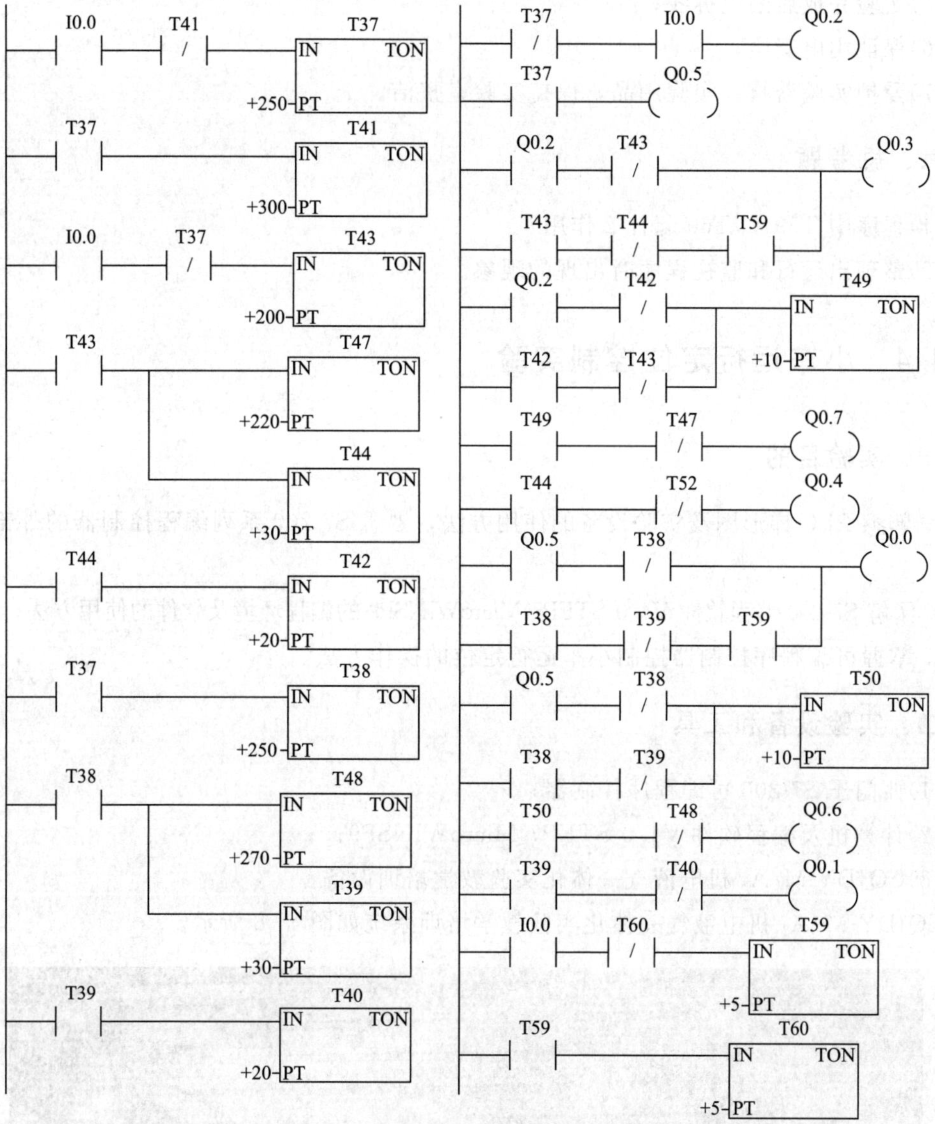


图 4-7 参考梯形图

## 四、实验结果

记录实验现象，学会定时器的实际应用及闪烁电路的程序设计。

## 五、注意事项

(1)实验前认真阅读实验指导书；

(2)输入、输出公共端子的接线方法；

(3)I/O 分配要合理正确；

(4)断电接线，接线正确后方可接电；

(5)实验完成后断电拆线；
(6)保证用电安全；
(7)爱护实验器材、实验用品，保持实验室整洁。

## 六、思考题

(1)程序中 T59 和 T60 起什么作用？
(2)整理出运行和监视程序时出现的现象。

# 4.4 小车运行定位控制实验

## 一、实验目的

1. 熟悉 PLC 梯形图及实验设备的使用方法，熟悉 S7-200 系列编程控制器的外部接线方法；
2. 了解 S7-200 编程软件 V4.0 STEP7 MicroWINSP9 的编程环境及软件的使用方法；
3. 掌握可编程序控制器控制小车运行定位的操作方法。

## 二、实验设备和工具

(1)西门子 S7-200 可编程序控制器；
(2)计算机及编程软件 V4.0 STEP7 MicroWINSP9；
(3)CQJDY-M/$A_2$ 机电液气一体化实验教学培训设备。

CQJDY-M/$A_2$ 机电液气一体化实验教学培训系统如图 4-8 所示。

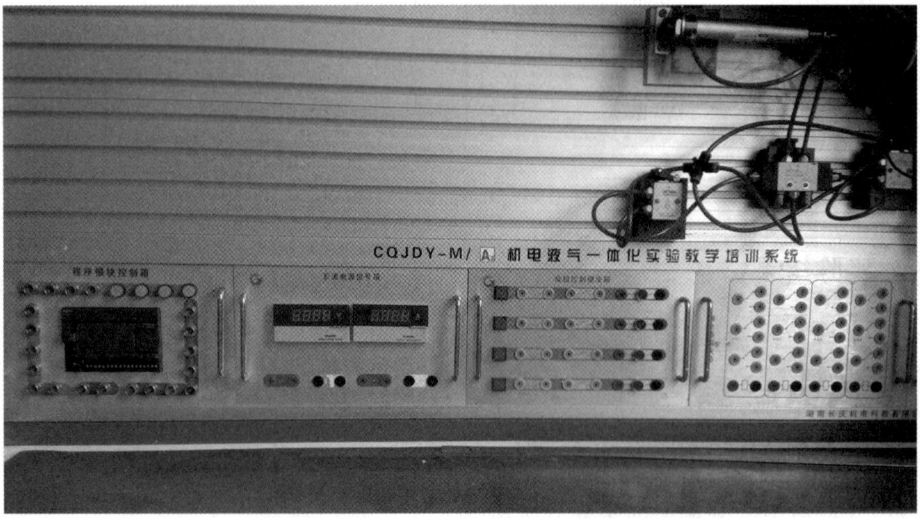


图 4-8　机电液气一体化实验教学培训系统

其中程序模块控制箱如图 4-9 所示。

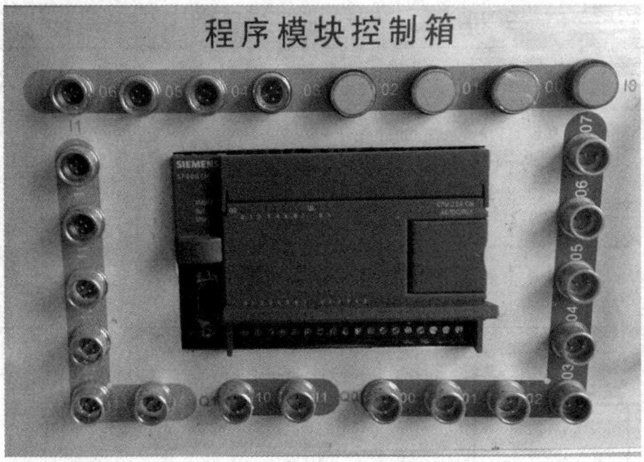


图 4-9 程序模块控制箱

程序模块控制箱上 I0.0～I1.5 为输入端子，接模拟开关量的输入；Q0.0～Q1.1 接继电器输出，用以控制模拟输出负载的通与断。

CQJT-A 小车定位 PLC 控制实训台如图 4-10 所示。

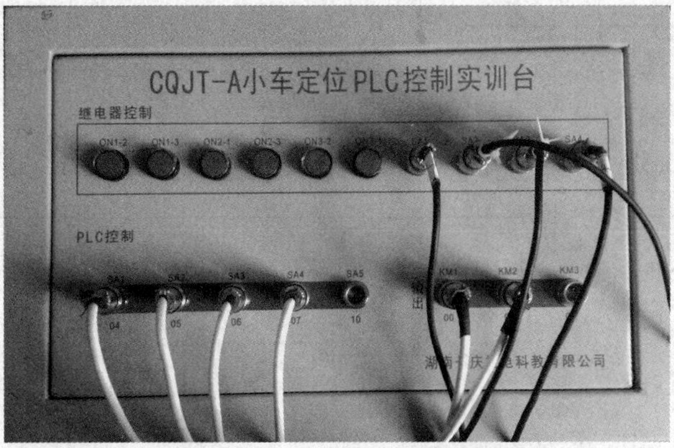


图 4-10 CQJT-A 小车定位 PLC 控制实训台

CQJT-A 小车定位 PLC 控制实训台上的 PLC 控制部分输入、输出通过航空插锁紧线(防止虚连、起弧打火)与 PLC 主机相应的输入输出插孔相连接，I×× 为输入点，Q×× 为输出点。

CQJT-A 小车定位 PLC 控制实训台上的继电器控制部分的 SA1～SA4 与小车上的光电开关相连。

## 三、实验内容

根据控制要求编制小车运行定位控制的梯形图。通过程序判断 Q0.0、Q0.1 的输出状态，然后输入程序并运行，加以验证。

小车运行参考梯形图如图 4-11 所示。

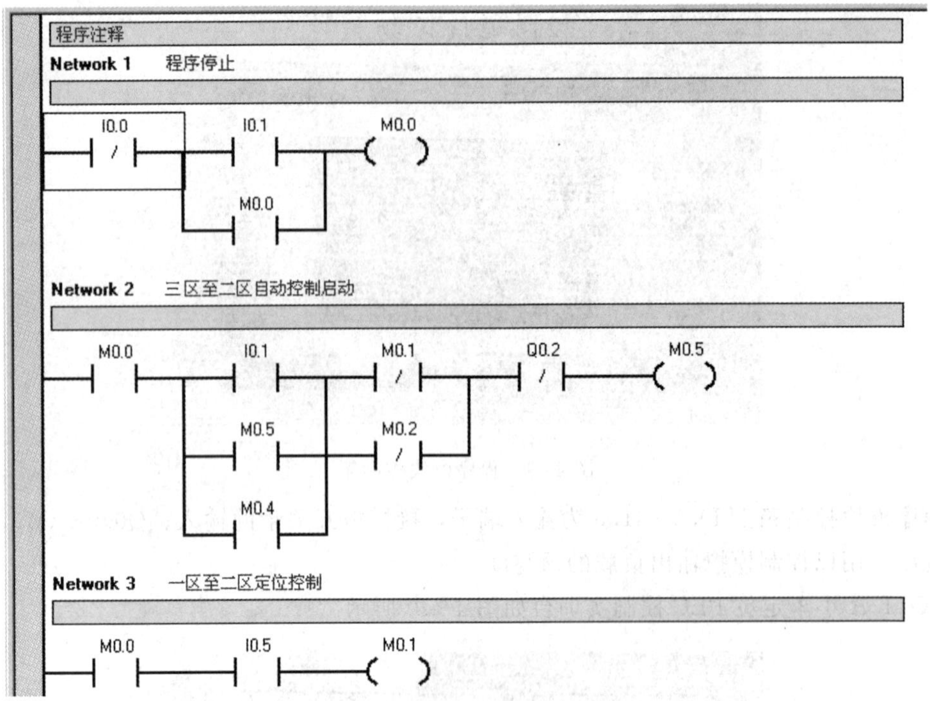


图 4-11(a) 小车运行定位控制参考梯形图

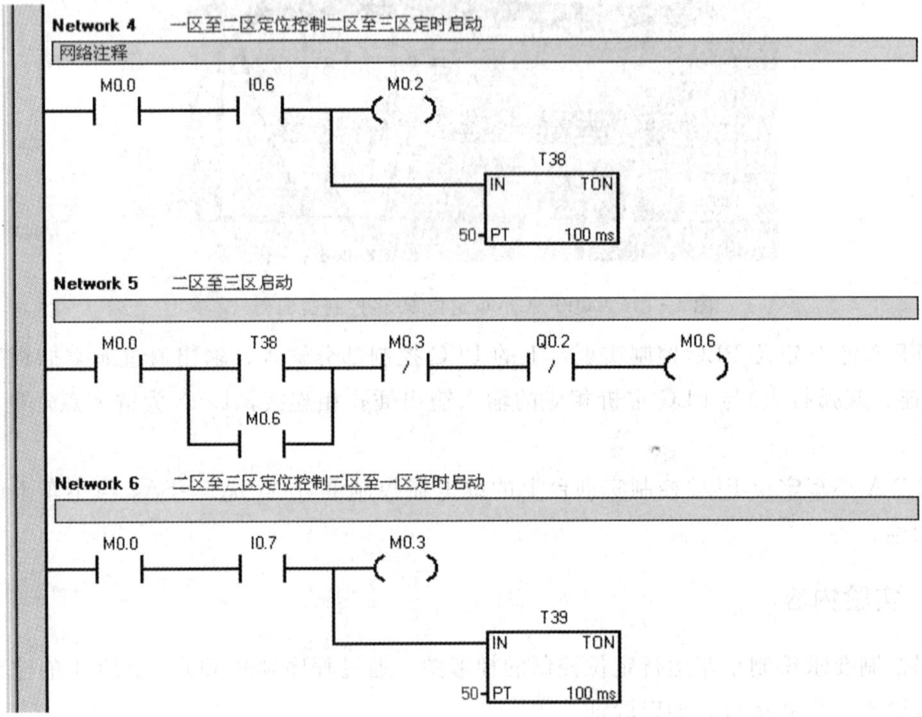


图 4-11(b) 小车运行定位控制参考梯形图

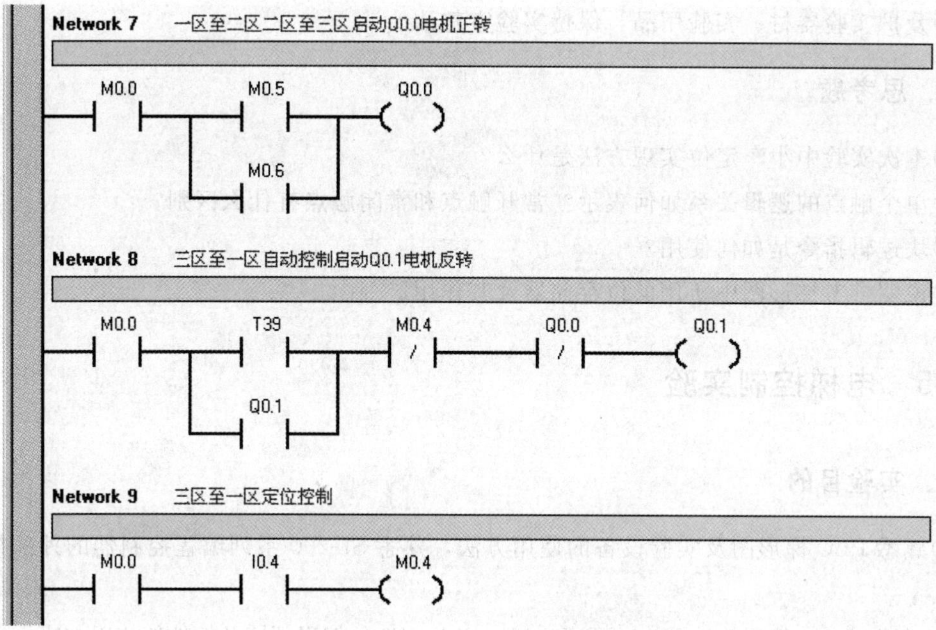


图 4-11(c) 小车运行定位控制参考梯形图

## 四、实验步骤

(1)梯形图中的I0.1、I0.3等分别对应控制实验单元输入开关I0.1、I0.3等。

(2)通过航空插锁紧线将小车定位PLC控制实训台上的PLC控制部分输入、输出与PLC主机相应的输入输出插孔连接，建立小车与小车定位PLC控制实训台间的连接并接通电源。将可编程控制器主机上的STOP/RUN开关拨到STOP位置。

(3)通过专用PC/PPI电缆连接计算机与PLC主机。打开编程软件STEP7，逐条输入程序，检查无误后，将所编程序下载到主机内，并将可编程控制器主机上的STOP/RUN开关拨到RUN位置，运行指示灯点亮，表明程序开始运行。

## 五、实验结果

记录运行结果，观察运行过程。

## 六、注意事项

(1)实验前认真阅读实验指导书；

(2)输入、输出公共端子的接线方法；

(3)I/O分配要合理正确；

(4)断电接线，接线正确后方可接电；

(5)实验完成后断电拆线；

(6)保证用电安全；

(7)爱护实验器材、实验用品，保持实验室整洁。

## 七、思考题

(1)本次实验中小车定位实现方法是什么？

(2)单个触点的逻辑关系如何表示？常开触点和常闭触点有什么区别？

(3)块逻辑指令是如何使用？

(4)说明参考梯形图中所用的位存储器及其作用。

# 4.5 电梯控制实验

## 一、实验目的

(1)熟悉 PLC 梯形图及实验设备的使用方法，熟悉 S7-200 系列编程控制器的外部接线方法；

(2)了解 S7-200 编程软件 V4.0 STEP7 MicroWINSP9 的编程环境及软件的使用方法；

(3)理解电梯逻辑控制关系和三层电梯 PLC 控制的 I/O 接线图；

(4)熟悉 S7-200 程序模块控制箱的组成和三层电梯 PLC 控制实训台的接线方法；

(5)掌握可编程序控制器控制电梯的操作方法。

## 二、实验设备和工具

(1)西门子 S7-200 可编程序控制器；

(2)计算机及编程软件 V4.0 STEP7 MicroWINSP9；

(3)CQJDY-M/$A_2$ 机电液气一体化实验教学培训设备。

CQJDY-M/$A_2$ 机电液气一体化实验教学培训系统如图 4-12 所示。

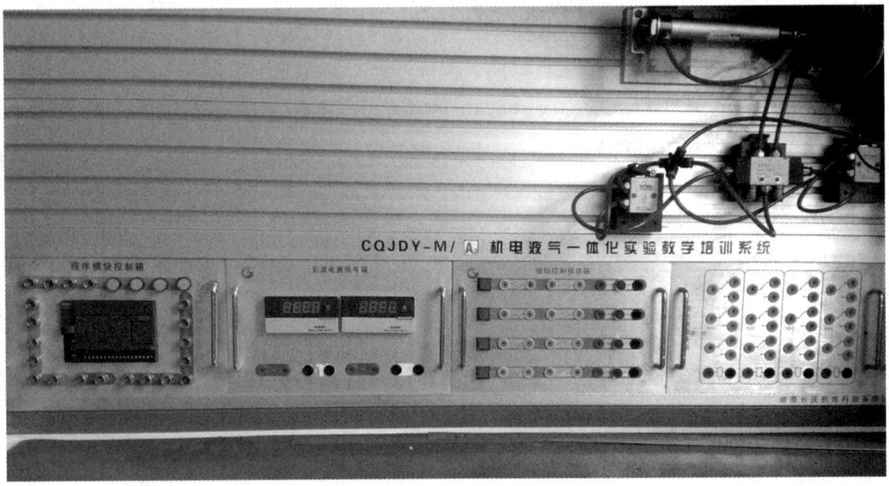


图 4-12　机电液气一体化实验教学培训系统

其中程序模块控制箱如图 4-13 所示。

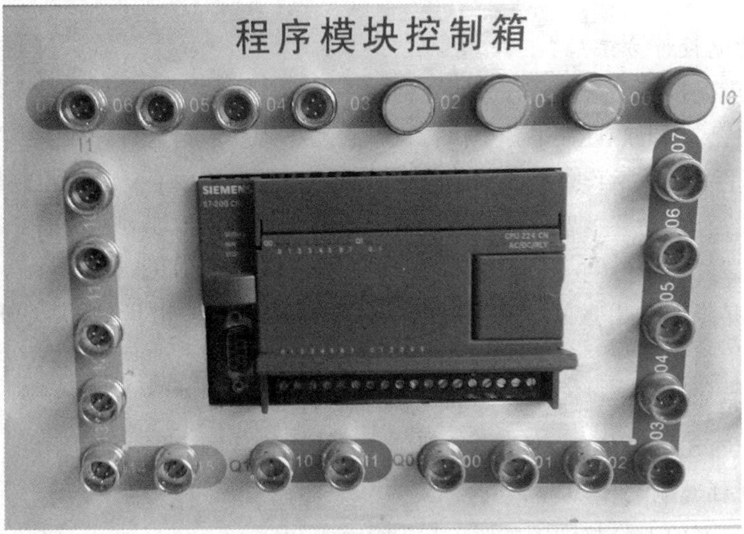


图 4-13 程序模块控制箱

程序模块控制箱上 I0.0～I1.5 为输入按键，按模拟开关量的输入，Q0.0～Q1.1 接继电器输出，用以模拟输出负载的通与断。

CQJT-A 电梯 PLC 控制实训台如图 4-14 所示。

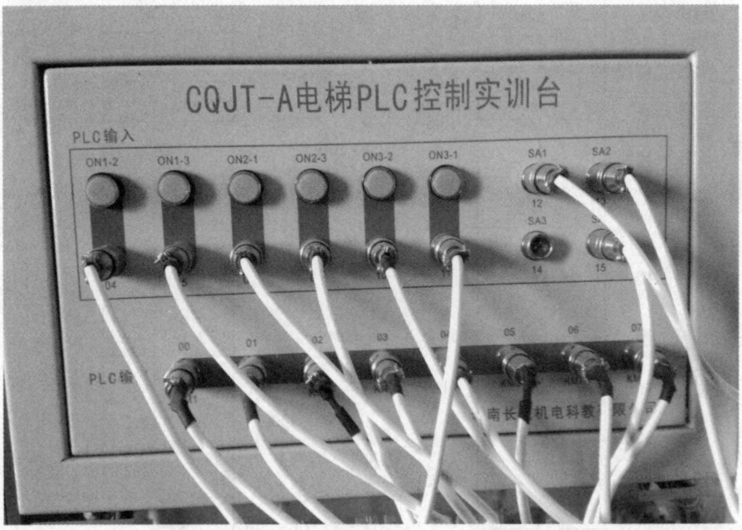


图 4-14 CQJT-A 电梯 PLC 控制实训台

CQJT-A 电梯 PLC 控制实训台上的 PLC 输入、输出通过航空插锁紧线(防止虚连、起弧打火)与 PLC 主机相应的输入输出插孔相连接，I××为输入点，Q××为输出点。

CQJT-A 电梯 PLC 控制实训台上的继电器控制部分 SA1～SA4 与电梯上的行程开关相连。

## 三、实验内容

1. 顺序控制设计方法

顺序控制就是按照生产工艺预先规定的顺序，在各个输入信号的作用下，根据内部状态和时间的顺序，在生产过程中各个执行机构自动、有秩序地进行操作。

顺序控制的方法包括：一般使用起保停电路；以转换为中心；使用控制继电器。

顺序控制设计法的基本思想是，首先将系统的一个工作周期划分为若干个顺序相连的阶段，这些阶段称为步(step)，并用编程元件——位存储器(M)来代表各步。

步的划分是根据输出量的状态，在任何一步之内，各输出量的ON/OFF状态不变，但是相邻两步输出量的状态是不同的。

转换条件是使系统由当前步进入下一步的信号。

可以用置位(S)、复位(R)、位存储器(M)等指令设计顺序控制梯形图。

2. 三层电梯控制的I/O接线图

三层电梯控制的I/O接线图如图4-15所示。

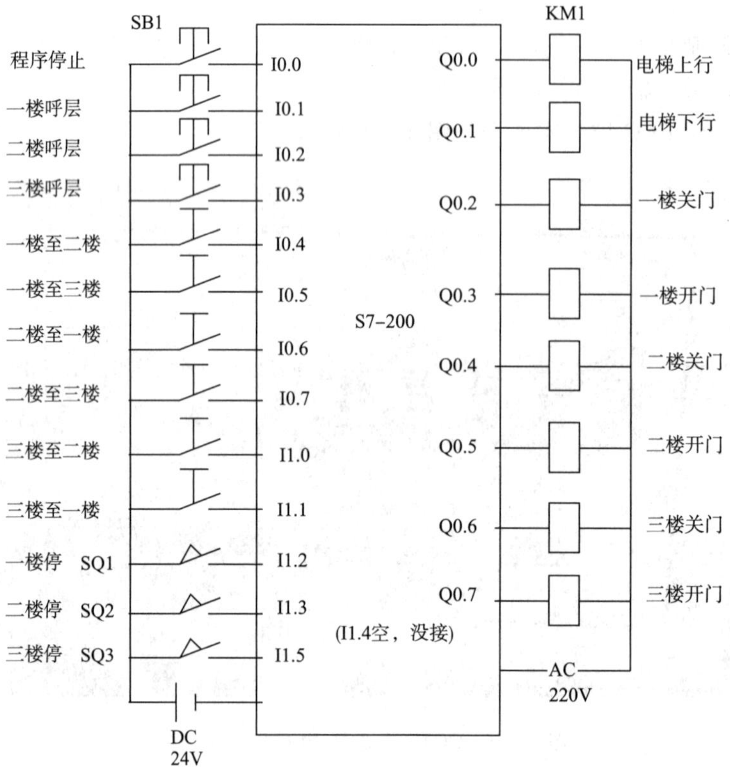


图4-15 三层电梯控制的I/O接线图

3. 电梯控制逻辑关系

(1)行车方向由内选信号决定，顺向优先执行；

(2)行车途中如遇呼梯信号时，顺向截车，反向不截车；

(3)内选信号、呼梯信号具有记忆功能，执行后解除；

(4)停层时可延时自动开门、手动开门、本层顺向呼梯开门(关门过程中)；

(5)有内选信号时延时自动关门，关门后延时自动行车；

(6)行车时不能手动开门或本层呼梯开门，开门不能行车。

4. 三层电梯控制梯形图中所用的位存储器 M

三层电梯 PLC 控制梯形图中所用的位存储器及其作用如表 4-6 所示。

表 4-6 位存储器及其作用

| 地址 | 作用 | | 地址 | 作用 | 地址 | 作用 |
|---|---|---|---|---|---|---|
| M0.0 | 1 楼呼层 | | M2.0 | 2 楼呼层(从 1 楼来) | M3.0 | 程序停止 |
| M0.1 | 1 至 2 楼 | 上行 | M2.1 | 1 楼停层(SQ1) 接通开门 延时 | | |
| M0.2 | 1 至 3 楼 | 上行 | M2.2 | 2 楼停层(SQ2)接通开门 延时 | | |
| M0.3 | 2 至 1 楼 | 下行 | M2.3 | 3 楼停层(SQ3)接通开门 延时 | | |
| M0.4 | 2 至 3 楼 | 上行 | M2.4 | 1 楼关门 延时 | | |
| M0.5 | 3 楼呼层 | | M2.5 | 2 楼关门 延时 | | |
| M0.6 | 3 至 2 楼 | 下行 | M2.6 | 3 楼关门 延时 | | |
| M0.7 | 3 至 1 楼 | 下行 | M2.7 | 2 楼呼层(从 3 楼来) | | |

5. 编制三层电梯 PLC 控制的梯形图

(1)根据控制要求编制 3 层电梯 PLC 控制的梯形图。通过程序判断 Q0.0 至 Q0.7 的输出状态，然后输入程序并运行，加以验证；

(2)PLC 梯形图通过对位存储器 M、置位指令 S、复位指令 R、接通延时定时器 TON、行程开关的合理使用，满足电梯控制要求；

(3)PLC 控制操作的功能是通过软件编程(梯形图或语句表)来确定的，当工艺变化时，不必改变硬件设备，只需改变 PLC 中的程序，适应现代控制需求。

电梯控制参考梯形图如图 4-16(a)～(m)所示。

## 四、实验步骤

(1)梯形图中的 I0.1、I0.3 等分别对应控制实验单元输入开关 I0.1、I0.3 等。

(2)通过航空插锁紧线将电梯 PLC 控制实训台上的 PLC 控制部分输入、输出与 PLC 主机相应的输入输出插孔连接，建立电梯与电梯 PLC 控制实训台间的连接并接通电源。将可编程控制器主机上的 STOP/RUN 开关拨到 STOP 位置。

(3)通过专用 PC/PPI 电缆连接计算机与 PLC 主机。打开编程软件 STEP7，逐条输入程序，检查无误后，将所编程序下载到主机内，并将可编程控制器主机上的 STOP/RUN 开关拨到 RUN 位置，运行指示灯点亮，表明程序开始运行。

## 五、实验结果

记录运行结果，观察运行过程。

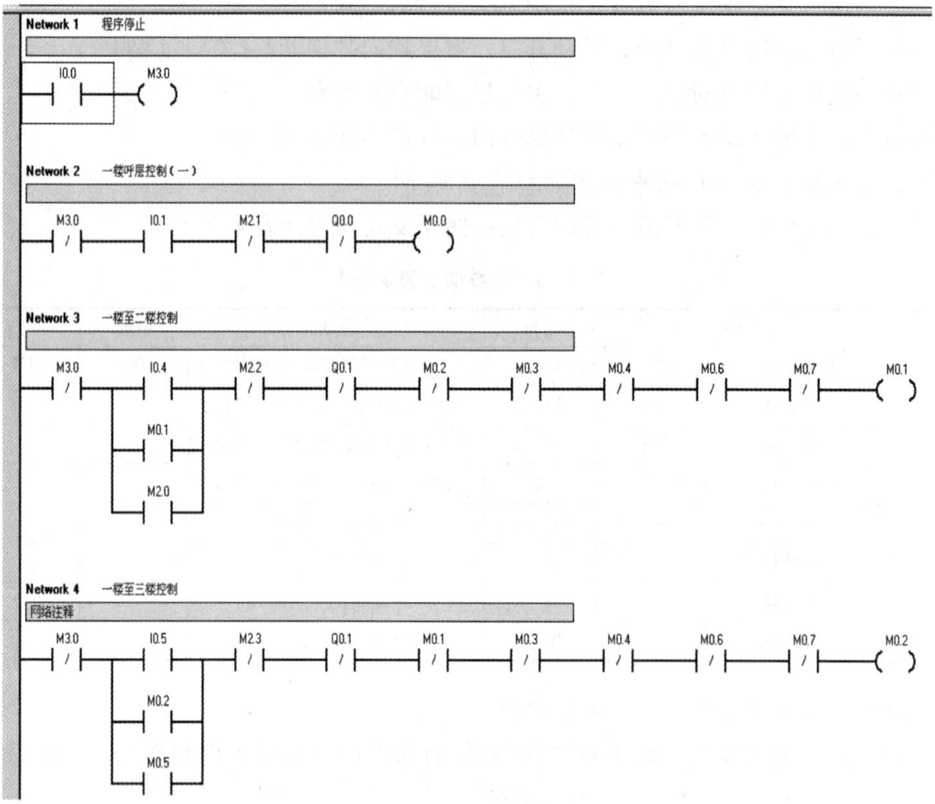


图 4-16(a) 电梯控制参考梯形图

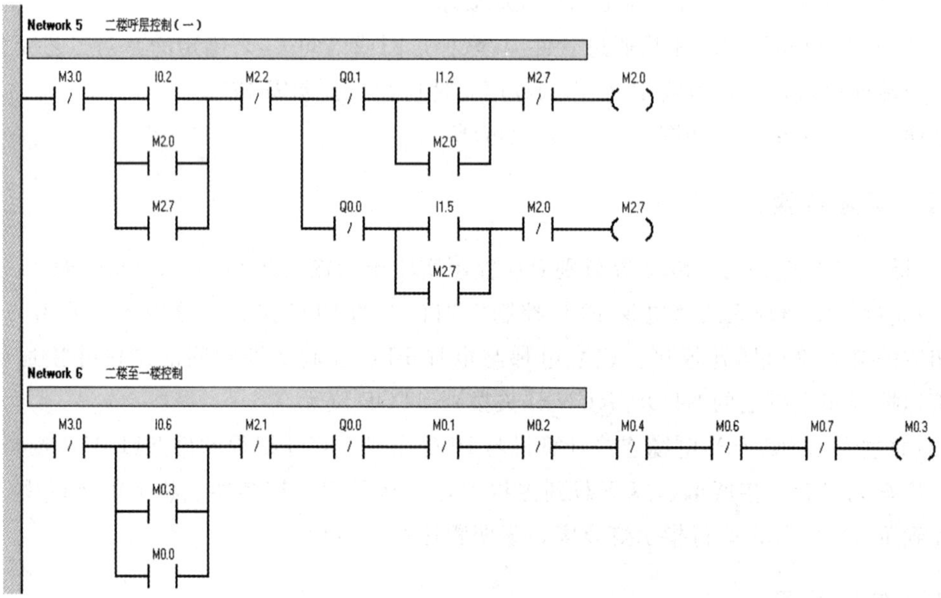


图 4-16(b) 电梯控制参考梯形图

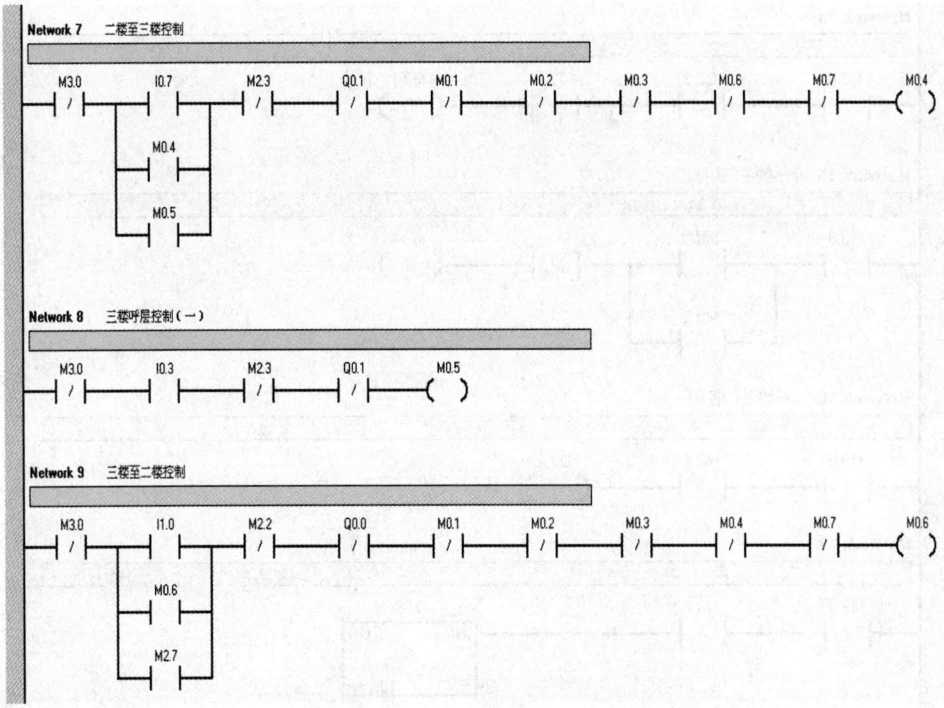


图 4-16(c) 电梯控制参考梯形图

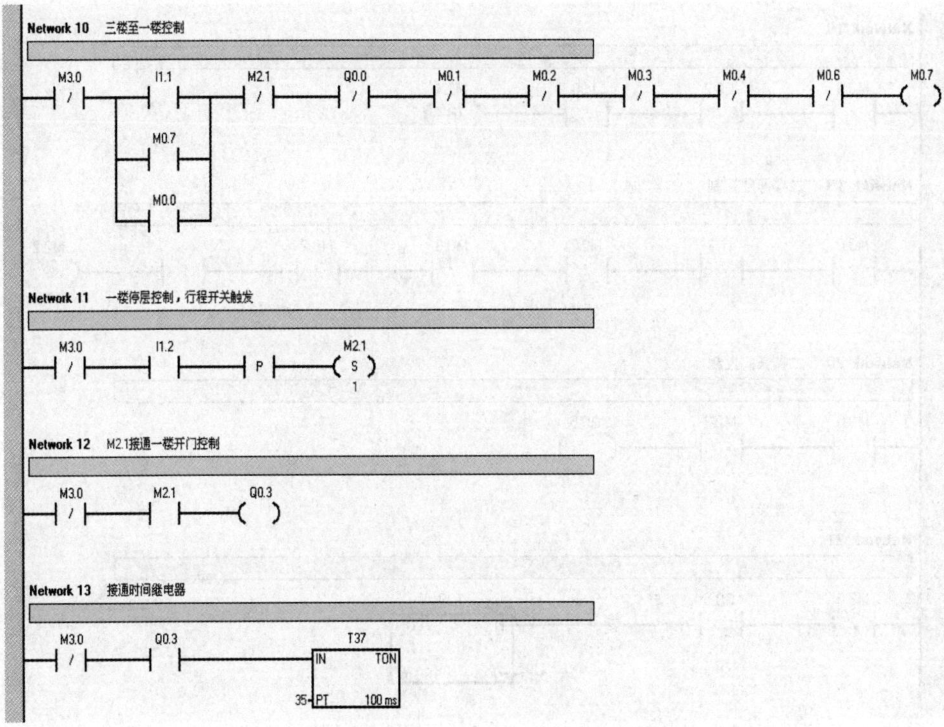


图 4-16(d) 电梯控制参考梯形图

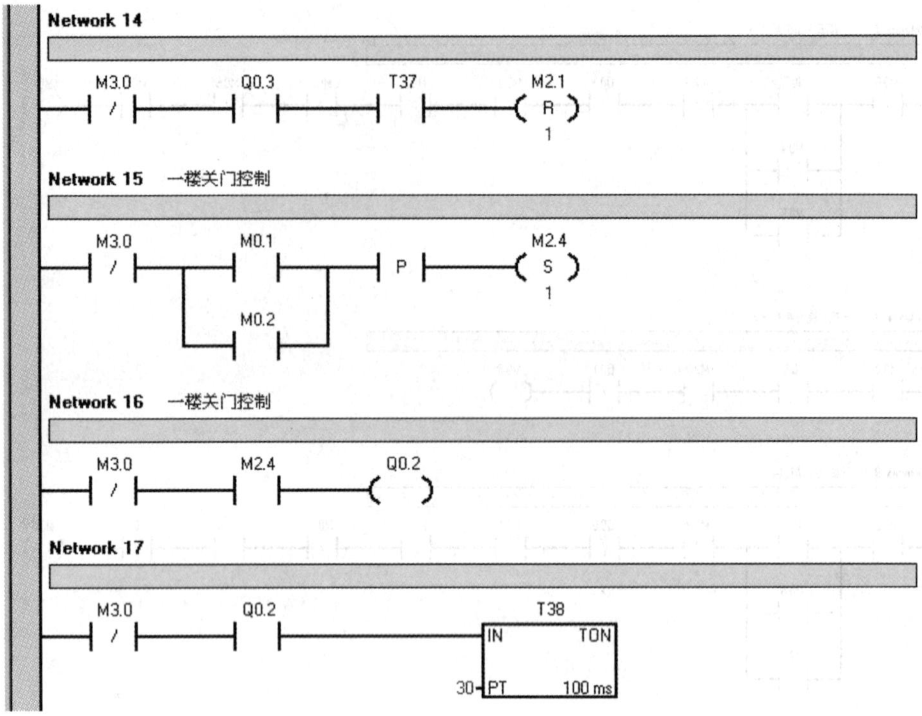


图 4-16(e) 电梯控制参考梯形图

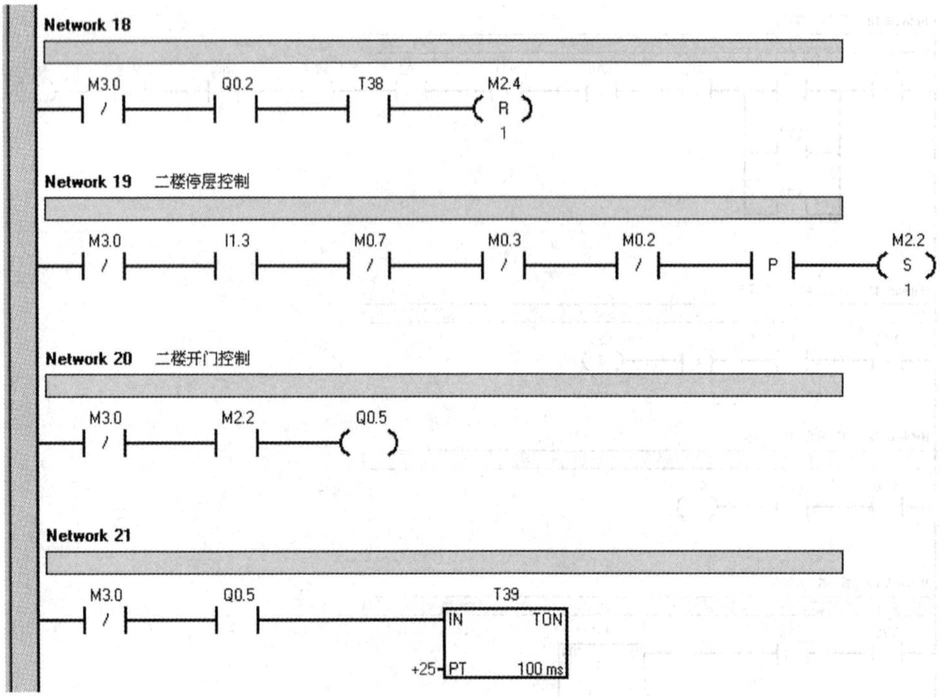


图 4-16(f) 电梯控制参考梯形图

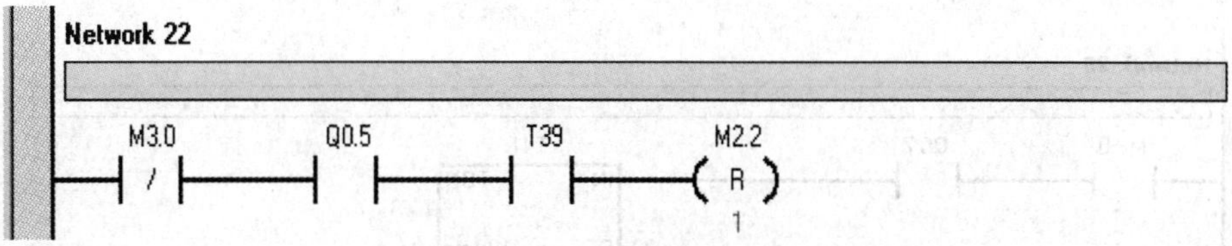


图 4-16(g) 电梯控制梯形图

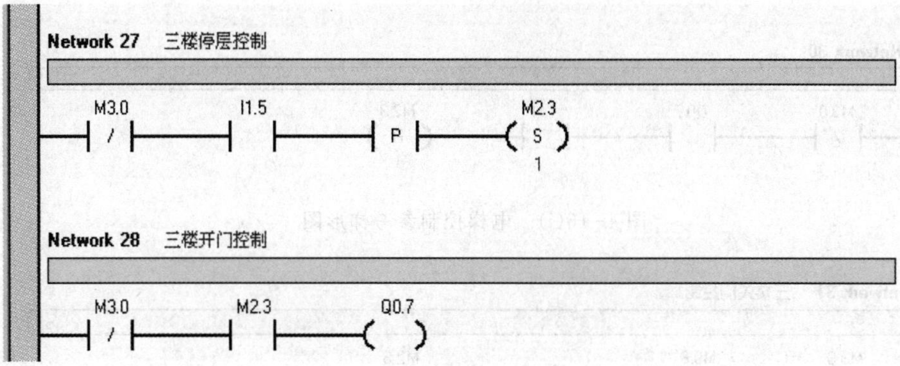


图 4-16(h) 电梯控制参考梯形图

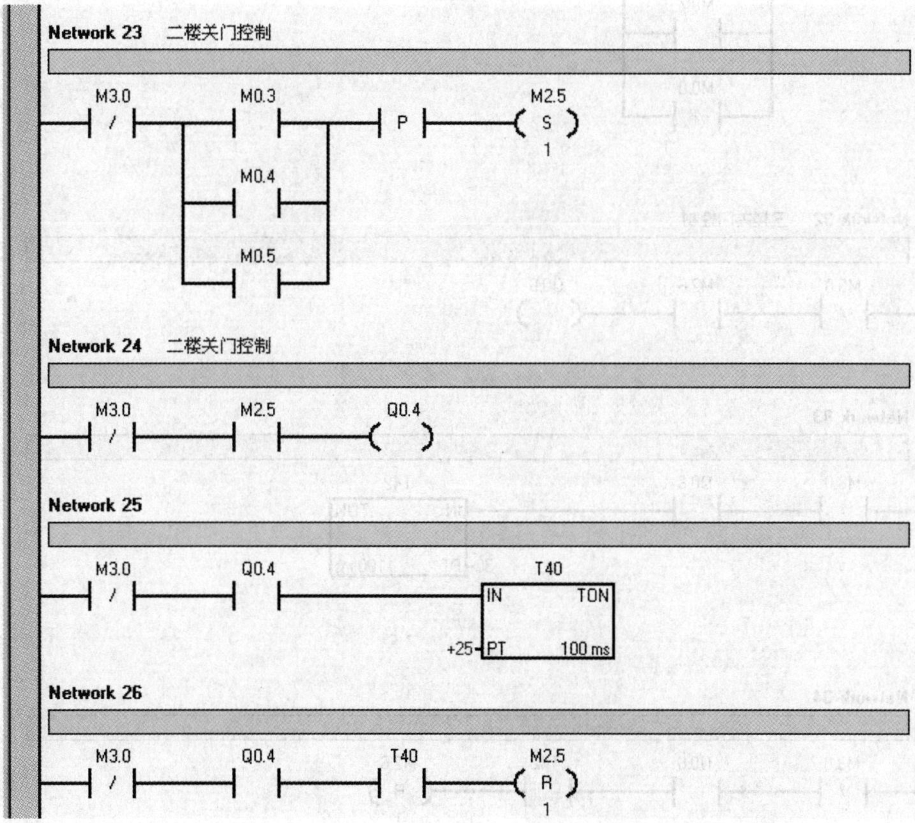


图 4-16(i) 电梯控制参考梯形图

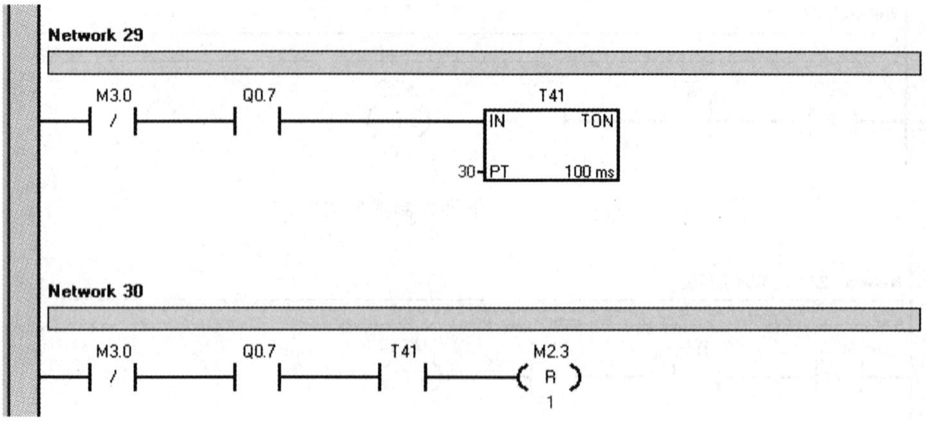


图 4-16(j) 电梯控制参考梯形图

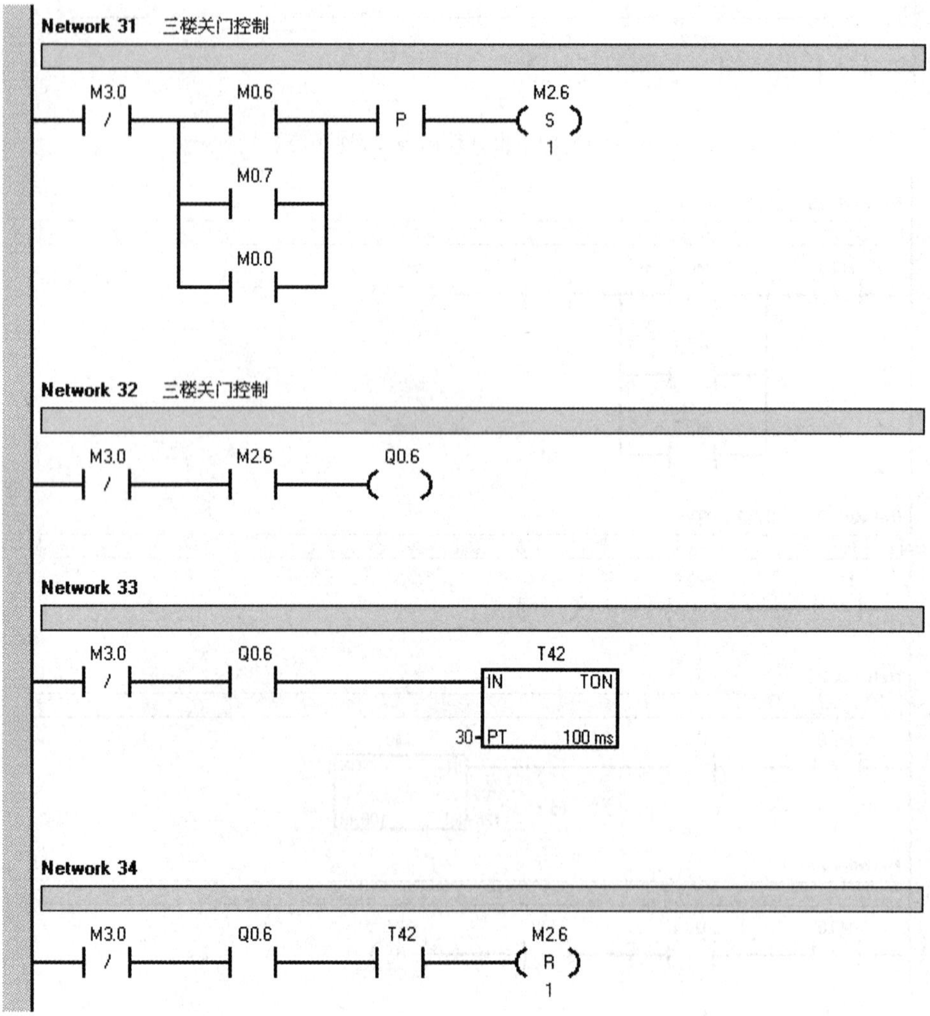


图 4-16(k) 电梯控制参考梯形图

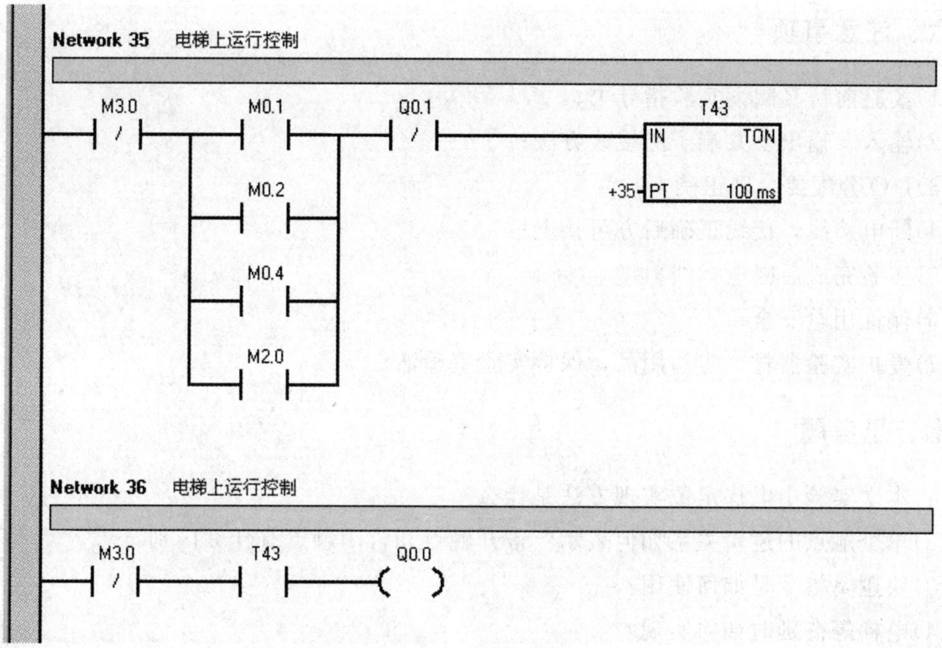


图 4-16(l) 电梯控制参考梯形图

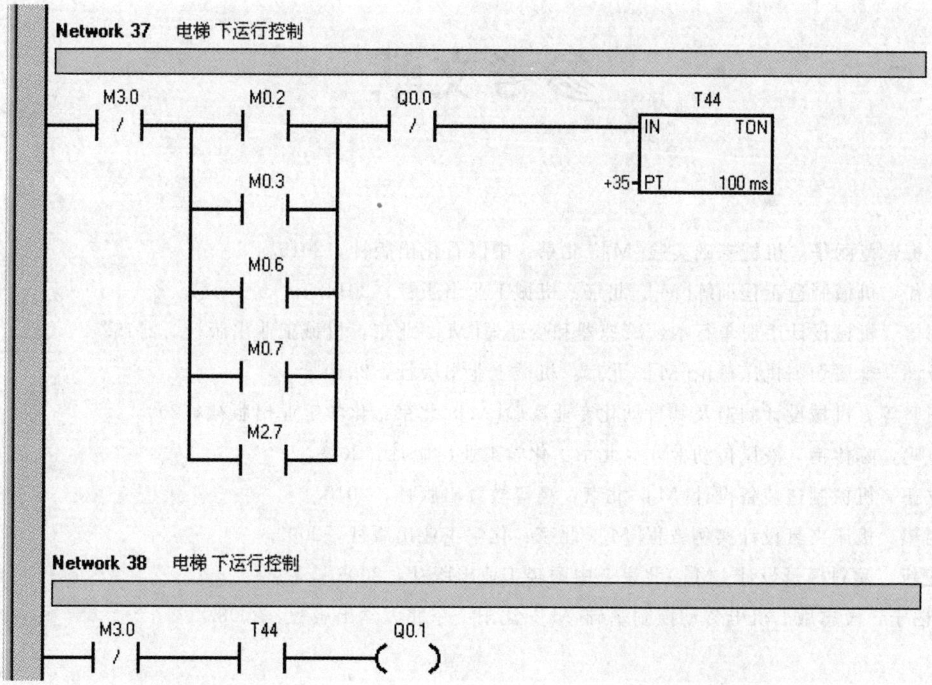


图 4-16(m) 电梯控制参考梯形图

## 六、注意事项

(1)实验前认真阅读实验指导书；

(2)输入、输出公共端子的接线方法；

(3)I/O 分配要合理正确；

(4)断电接线，接线正确后方可接电；

(5)实验完成后断电拆线；

(6)保证用电安全；

(7)爱护实验器材、实验用品，保持实验室整洁。

## 七、思考题

(1)本次实验中电梯定位实现方法是什么？

(2)单个触点的逻辑关系如何表示？常开触点和常闭触点有什么区别？

(3)块逻辑指令是如何使用？

(4)电梯等待延时如何实现？

# 参考文献

[1] 王红梅，范丽华．机械基础实验[M]. 北京：中国石化出版社，2015.

[2] 王继伟．机械制造工程训练[M]. 北京：机械工业出版社，2014.

[3] 闻邦椿．机械设计手册单行本：减速器和变速器[M]. 北京：机械工业出版社，2015.

[4] 贾亚洲．金属切削机床概论[M]. 北京：机械工业出版社，2010.

[5] 王毅坚等．机械设计制造及其自动化专业实验[M]. 北京：化学工业出版社，2005.

[6] 容一鸣，陈传艳．液压传动 [M]. 北京：化学工业出版社，2009.

[7] 陈立德．机械制造装备设计[M]. 北京：高等教育出版社，2010.

[8] 李名望．机床夹具设计实例教程[M]. 北京：化学工业出版社，2009.

[9] 卜建新．塑料模具设计 [M]. 北京：中国轻工业出版社，2006.

[10] 陈白宁，段志敏．机电传动控制基础[M]. 沈阳：东北大学出版社，2008.